MÉMOIRE

SUR LA

MÉTHODE DES MAXIMA ET MINIMA

DE FERMAT,

ET SUR LES

MÉTHODES DES TANGENTES DE FERMAT ET DESCARTES

Par M. DUHAMEL.

EXTRAIT DU TOME XXXII DES MÉMOIRES DE L'ACADÉMIE DES SCIENCES.

PARIS,

GAUTHIER-VILLARS, IMPRIMEUR-LIBRAIRE

DU BUREAU DES LONGITUDES, DE L'ÉCOLE IMPÉRIALE POLYTECHNIQUE,

SUCCESSEUR DE MALLET-BACHELIER,

Quai des Augustins, 55.

1864

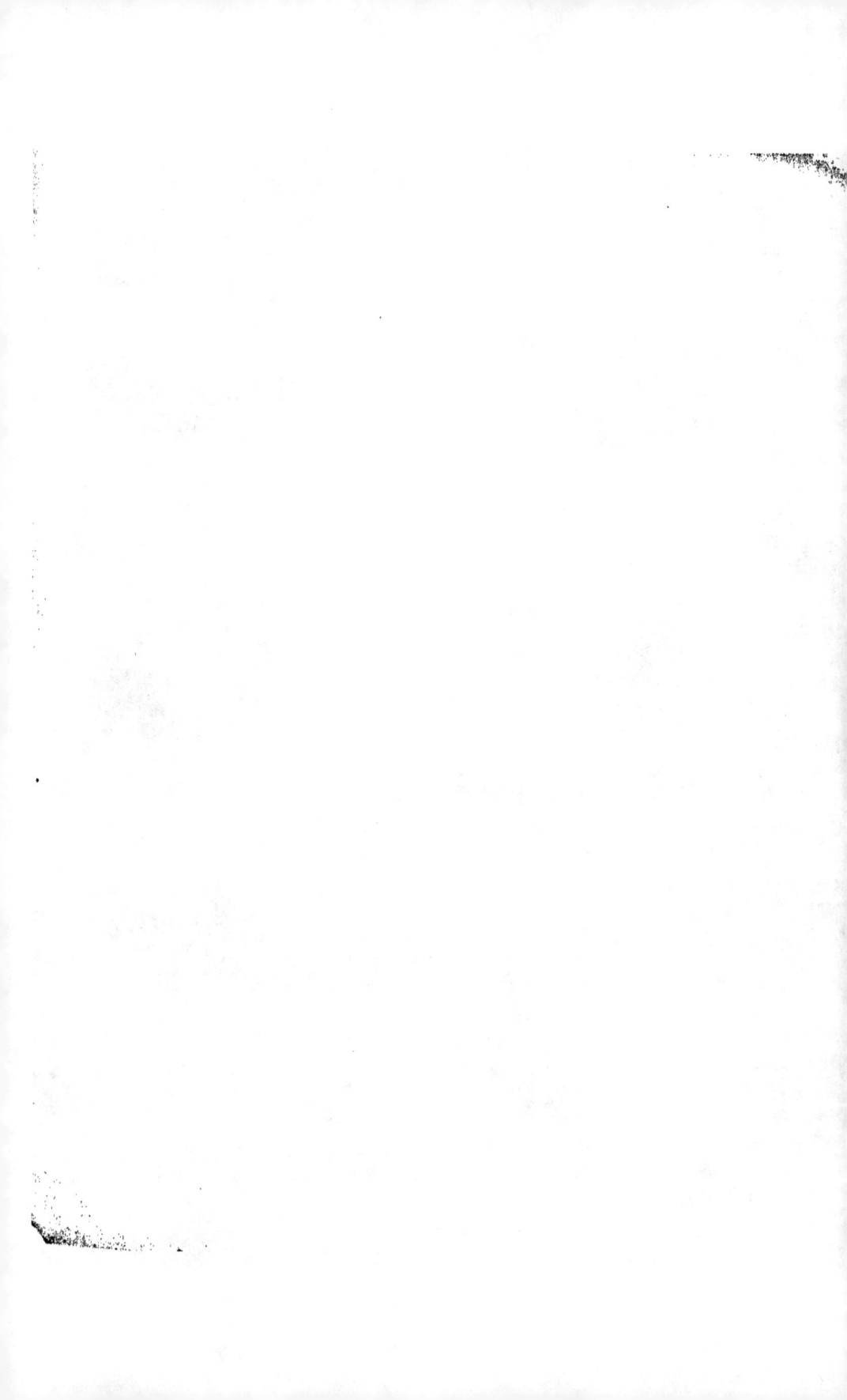

MÉMOIRE

SUR LA

MÉTHODE DES MAXIMA ET MINIMA

DE FERMAT,

ET SUR LES

MÉTHODES DES TANGENTES DE FERMAT ET DESCARTES,

Par M. DUHAMEL.

EXTRAIT DU TOME XXXII DES MÉMOIRES DE L'ACADÉMIE DES SCIENCES.

PARIS,

GAUTHIER-VILLARS, IMPRIMEUR-LIBRAIRE
DU BUREAU DES LONGITUDES, DE L'ÉCOLE IMPÉRIALE POLYTECHNIQUE.
SUCCESSEUR DE MALLET-BACHELIER,
Quai des Augustins, 55.

—

1864

Paris. — Imprimerie de GAUTHIER-VILLARS, rue de Seine-Saint-Germain, 10, près l'Institut.

ANALYSE DU MÉMOIRE

LUE À L'ACADÉMIE DES SCIENCES DANS SA SÉANCE DU 16 AVRIL 1860.

Si l'histoire des sciences conserve le souvenir des discussions, je pourrais dire des querelles, qui ont eu lieu à certaines époques entre les savants les plus éminents, ce n'est pas qu'il importe d'apprendre à la postérité que le génie ne préserve pas toujours des susceptibilités de l'amour-propre ; mais c'est que ces débats, auxquels les sommités seules de l'époque prennent part, font connaître exactement ce qui est venu s'ajouter alors à la masse des connaissances antérieures, et font assister en quelque sorte au travail de l'esprit humain au moment où il enfante les grandes découvertes.

L'une des plus vives, et en même temps des plus intéressantes, est celle à laquelle donna lieu la publication de la *Géométrie* de Descartes ; et le sujet de cette discussion est la méthode des maxima et minima de Fermat, avec les applications qu'il en faisait à la détermination des tangentes et des centres de gravité.

Descartes avait donné une méthode générale pour ramener à un procédé algébrique le problème des tangentes ; et il montrait le cas qu'il en faisait en disant que c'était ce qu'il avait le plus désiré de savoir en géométrie. Fermat, au lieu d'admirer cette méthode, ainsi que tout ce qu'il y avait de nouveau dans la *Géométrie* de Descartes, témoigna de la surprise de n'y rien trouver concernant les questions de maxima et minima, et fit connaître sans démonstration une règle pour la solution de ces questions, auxquelles il ramenait celle des tangentes. Descartes, vivement blessé, chercha à éprouver par des applications particulières l'exactitude de ces méthodes, dont on ne donnait qu'un énoncé assez obscur, et qu'il n'était en quelque sorte possible d'attaquer ou de défendre que par conjecture. Ainsi, pour la question des maxima et minima, Descartes, se fondant sur ce que Fermat avait dit que sa règle s'appliquait aux quantités qui prennent des valeurs plus grandes ou plus petites que les autres, sous certaines conditions, considéra toutes les lignes menées d'un point fixe aux divers points d'une courbe; et il ajouta comme condition particulière qu'on ne s'occuperait que de celles qui seraient menées à la partie de la courbe, convexe vers le point fixe. Cela posé, il appliqua la règle de Fermat à la recherche de la plus grande de toutes ces lignes et trouva un résultat absurde; d'où il conclut l'inexactitude du procédé, et il en parla avec un mépris qui s'explique un peu par le dédain avec lequel il s'était vu traiter lui-même.

Roberval répondit que la plus grande de ces lignes n'était pas un maximum dans le sens où Fermat l'entendait; qu'il aurait fallu pour cela qu'en suivant le cours de la courbe dans la partie concave, les sécantes se missent à décroître : ce qui n'était pas. Descartes répliqua que la règle n'exigeait pas cela et devait s'appliquer à l'ensemble de toutes les sécantes relatives à la partie convexe; et rien ne put leur faire abandonner à l'un et l'autre leur opinion sur ce point. Mais quelles qu'aient été les insinuations malveillantes de Roberval, Descartes ne peut être accusé d'avoir manqué ni de sagacité ni de bonne foi, puisque Fermat n'avait pas précisé les conditions sous lesquelles sa règle était applicable. Dans ces circonstances, le silence de Fermat n'est pas suffisamment expliqué par son antipathie pour les querelles : il était bien naturel qu'il fît cesser une lutte dont il était la seule cause, et donnât la démonstration précise et rigoureuse de sa règle, s'il l'avait. Et peut-être sera-t-on porté à en douter, lorsque j'aurai fait voir qu'il l'a appliquée à un cas semblable à celui que Descartes avait choisi pour l'attaquer. Si ce dernier s'en était aperçu, il aurait justifié, sans réplique possible, son attaque et une partie au moins de ses conclusions. Quand je développerai cette circonstance, qui avait jusqu'ici échappé aux géomètres, on verra comment cette faute de Fermat fut sans influence sur le résultat, comme d'ailleurs depuis longtemps : hasard malheureux, puisqu'il lui a fait laisser une légère tache au milieu de tant de monuments de son génie.

Après avoir posé sa règle pour les maxima et minima, Fermat chercha à y ramener le problème des tangentes. Il ne considéra pas ces lignes sous un point de vue nouveau ; il regarda la tangente, ainsi que les anciens géomètres, comme déterminée par la condition que de part et d'autre du point commun, les points de la courbe commencent par se trouver d'un même côté de cette droite ; il prescrivit de chercher une expression qui, d'après la nature de la courbe, dût avoir au point de contact une valeur plus grande ou plus petite que pour tout autre point pris sur la tangente ; et cette expression une fois trouvée, la question était ramenée à celle du maximum ou du minimum. Fermat ne donna d'abord de règle pour la trouver que dans le cas particulier où l'équation de la courbe est résolue par rapport à une puissance de l'ordonnée ; et Descartes le défia inutilement de l'appliquer à la courbe bien simple où la somme des cubes des deux coordonnées est proportionnelle à leur rectangle : ce qui prouve que Fermat n'était pas en possession de la méthode que Lagrange lui attribue.

Mais ni Descartes, qui a attaqué cette méthode, ni Roberval, qui l'a défendue, n'ont compris la pensée de Fermat. Descartes l'accuse de ne pas avoir ramené la question à celle du maximum, et essaye alors de le faire en considérant la tangente comme maximum de la distance d'un de ses points à la partie convexe de la courbe. Il parvient ainsi à un résultat faux, et conclut que la méthode pour ramener les tangentes au maximum est fausse. Nous ne répéterons pas ce que nous avons déjà dit au sujet de ce prétendu maximum. Quant à Roberval, il paraît abandonner l'idée de la réduction au maximum, et dit que « pour trouver la plus grande, M. de Fermat a employé le raisonnement propre pour la plus grande ; et que pour trouver les touchantes, il a employé le raisonnement propre pour les touchantes. »

Cette explication lui attira cette réplique très-vive de Descartes :
« Lorsqu'ils disent qu'il n'y a point de maxima dans la parabole, et que M. de Fermat trouve les tangentes par une règle, du tout séparée de celle dont il use pour trouver un maximum, ils lui font tort en ce qu'ils veulent faire croire qu'il ait ignoré que la règle qu'il enseigne à trouver les plus grandes, sert aussi à trouver les tangentes des lignes courbes : ce qui serait une ignorance très-grossière, à cause que c'est principalement à cela qu'elle doit servir; et ils démentent son écrit où, après avoir expliqué sa méthode pour trouver les plus grandes, il met expressément : *ad superiorem methodum inventionem tangentium ad data puncta in lineis curvis, reducimus.* Il est vrai qu'il ne l'a pas suivie en l'exemple qu'il a donné touchant la parabole; mais la cause en est manifeste : car étant défectueuse pour ce cas-là et ses semblables (au moins en la façon qu'il la propose), il n'aura pas trouvé son compte en la voulant suivre, ce qui l'aura obligé de prendre un autre chemin. »

Il paraît bien par là que Descartes et Roberval ont cru que Fermat ne ramenait pas les tangentes aux maxima, et en cela ils se sont complétement trompés. Mais ils sont très-excusables, vu l'obscurité de l'exposition de cette méthode; et il me paraît bien certain que personne jusqu'ici n'a reconnu quelle était la quantité que Fermat regardait comme maximum ou minimum relativement à la tangente : plusieurs suppositions différentes ont été faites à cet égard, et aucune ne peut être celle que Fermat avait en vue (1).

Mais heureusement Descartes ne se borna pas à critiquer la méthode de Fermat. Comme elle avait réussi pour la parabole, il chercha par quel raisonnement rigoureux elle pourrait être justifiée; et en croyant la corriger, il en trouva une nouvelle, non fondée sur

---

(1) L'équation de la courbe étant représentée par $y^m = F(x)$, l'expression que Fermat considère comme maximum ou minimum est $\frac{y^m}{F'(x)}$ rapportée aux points de la tangente et non de la courbe.

la considération du maximum, et supérieure à toutes les autres. Il la
regarda à tort comme celle de Fermat rendue rigoureuse, et pré-
tendit constamment que Fermat ne l'avait pas comprise avant ses
explications. On lui reproche cette obstination, bien légitime cependant. Fermat n'avait en effet jamais considéré ainsi sa méthode; et
s'il l'a fait plus tard, il le devait évidemment à Descartes. Elle était
uniquement fondée, comme je le ferai voir, sur la considération du
maximum; mais ni Descartes ni Roberval ne l'avaient remarqué.

J'ai dit que cette nouvelle méthode des tangentes, découverte par
Descartes, était supérieure à celle de Fermat; et, en effet, elle ne
suppose nullement, comme celle de ce dernier, que l'équation soit
résolue par rapport à une puissance de l'ordonnée. Elles conduisent
l'une et l'autre aux mêmes calculs quand cette résolution peut s'effectuer; c'est ce qui fait que Descartes les a confondues. Mais la concep-
tion de Fermat ne lui donnait aucune ouverture pour le cas où
l'ordonnée et l'abscisse étaient mêlées d'une manière quelconque dans
l'équation, comme, par exemple, dans le problème très-simple que
lui proposa son adversaire; et Lagrange s'est trompé dans son appré-
ciation de la méthode de Fermat. Ce qu'il en a dit devait, au contraire, s'appliquer à celle de Descartes, qui est le premier qui ait
considéré la tangente comme la limite d'une sécante dont deux
points de rencontre avec la courbe se rapprochent indéfiniment; et
c'est sa méthode et non celle de Fermat qui est, en conservant l'expression de Lagrange, analogue à celle du calcul différentiel.

Le point autour duquel Descartes fait d'abord tourner la sécante,
est celui où la tangente rencontre l'axe des abscisses. Mais quelques
jours après avoir communiqué cette solution au père Mersenne, il lui
en envoie une autre où il considère la tangente comme la limite d'une
sécante qui passe constamment par le point de la courbe où doit avoir
lieu le contact, et par un second point de la même courbe, qui se
rapproche indéfiniment du premier. Ce point de vue est précisément
celui auquel se sont arrêtés les modernes, et il conduit aux mêmes
calculs que le précédent.

Malheureusement, pour montrer la fécondité de sa méthode, Fermat voulut l'appliquer à la détermination des centres de gravité; et il choisit pour exemple celui du conoïde parabolique, connu d'Archimède; il le cherche, dit-il, *perpetuá et constanti quá maximam et minimam, et tangentes linearum curvarum investigavimus, methodo; ut novis exemplis et novo usu, eoque illustri, pateat falli eos qui fallere methodum existimant.*

Mais cette nouvelle application de sa méthode, bien loin de l'appuyer, aurait justifié, au contraire, les premières attaques de Descartes. Fermat y considère comme maximum une valeur qui est plus grande que toutes celles qui la précèdent, mais plus petite que toutes celles qui la suivent; et cette circonstance est si évidente, qu'on ne peut admettre que ce grand géomètre ne s'en soit pas aperçu.

La valeur en question est donc absolument dans le même cas que la tangente par rapport aux sécantes partant d'un même point, qui la précèdent et la suivent; et Descartes avait le même droit d'y appliquer la méthode de Fermat, que Fermat de l'appliquer à la détermination du centre de gravité du conoïde. Les conséquences de Descartes subsistent donc dans toute leur force; et s'il avait connu cette circonstance, c'est alors qu'il aurait pu dire, avec plus d'apparence de raison, à son adversaire, qu'il n'avait pas l'intelligence bien nette de sa propre méthode.

Mais comment un raisonnement aussi défectueux a-t-il conduit Fermat au résultat exact? C'est que malheureusement il le connaissait d'avance, et qu'il a cru trop facilement à la légitimité du procédé qui y conduisait, et qui n'était même pas précisément celui qu'il prescrit dans sa règle des maxima et minima.

Ce qui est inexplicable, c'est que Descartes n'ait pas remarqué cette erreur et qu'il se soit contenté de dire que ce centre de gravité pouvait se « trouver fort aisément de la même façon qu'Archimède a trouvé celui de la parabole, sans qu'il fût nullement besoin pour cela de se servir de la méthode en question. »

Ce qui est peut-être plus singulier encore, c'est que Fermat et

Roberval, si intéressés à trouver Descartes en défaut, n'aient pas aperçu une grave erreur dans sa *Géométrie,* précisément dans la théorie des tangentes. Après avoir donné une méthode pour mener les normales aux courbes planes, il cherche à y ramener celles des courbes dans l'espace. Il indique d'abord le moyen de déterminer ces courbes par les équations de leurs projections sur deux plans rectangulaires; puis il ajoute :

« Si l'on veut tirer une ligne droite qui coupe cette courbe au point donné à angles droits, il faut seulement tirer deux autres lignes droites dans les deux plans, une en chacun, qui coupent à angles droits les deux lignes courbes qui y sont aux deux points où tombent les perpendiculaires qui viennent de ce point donné ; car ayant élevé deux autres plans, un sur chacune de ces lignes droites, qui coupe à angle droit le plan où elle est, on aura l'intersection de ces deux plans pour la ligne cherchée. »

Or la projection d'une normale à une courbe dans l'espace n'est pas normale à la projection de cette courbe, si ce n'est dans le cas très-particulier où la tangente est parallèle au plan de projection. La proposition de Descartes est donc fausse. Il est malheureux que sa méthode pour les courbes planes l'ait porté à considérer ici les normales plutôt que les tangentes. Car la projection d'une tangente étant tangente à la projection de la courbe, la règle qu'il aurait donnée eût été entièrement exacte (1).

Revenant à l'objet principal de cette Note, nous ajouterons que Huyghens s'est aussi occupé de la méthode de Fermat. Il commence par déclarer que ce grand géomètre est mort sans en avoir donné la démonstration; il indique ensuite le sens dans lequel on doit l'entendre, et l'établit par des raisonnements rigoureux. Mais il me paraît n'avoir pas saisi la pensée de Fermat relativement aux maxima et minima. Quant à la règle des tangentes, la démonstration qu'il en

---

(1) Mon savant confrère, M. Chasles, m'apprend qu'il a remarqué depuis longtemps cette erreur de Descartes, et qu'il l'a signalée dans son *Aperçu historique.*

donne est précisément celle de Descartes ; et je crois pouvoir bien établir que ce n'est pas celle de Fermat.

Quelles qu'aient été, au reste, les raisons de ce dernier pour garder le silence, ce n'est pas par un sentiment de malignité, ou de puérile fidélité historique, qu'on peut être porté à revenir, après plus de deux siècles, sur les querelles d'aussi grands géomètres. Mais l'histoire de l'esprit humain est intéressée dans les questions qui se sont agitées entre de tels hommes, à l'époque où l'on venait de constituer la Géométrie analytique, et où l'on touchait à l'application de l'Algèbre à la considération des infiniment petits. D'illustres géomètres ont même été jusqu'à proclamer Fermat comme le premier inventeur de ces calculs. Il y a donc un intérêt réel à déterminer la manière dont il entendait et établissait ses règles ; mais malheureusement les géomètres modernes ne sont pas plus d'accord à cet égard que ne l'étaient ceux du temps de Fermat.

C'est pour cela que j'ai pensé qu'il ne serait peut-être pas inutile de faire connaître les impressions que m'a données l'étude consciencieuse de ce débat célèbre, et d'assigner, aussi équitablement qu'il m'a été possible, la part qui revient à chacun des deux grands géomètres entre lesquels il a eu lieu ; c'est-à-dire, si je puis me permettre de parler ainsi, de faire rendre justice à Descartes.

MÉMOIRE

sur la

MÉTHODE DES MAXIMA ET MINIMA

DE FERMAT,

et sur les

MÉTHODES DES TANGENTES DE FERMAT ET DESCARTES.

PREMIÈRE PARTIE.

MÉTHODE DE FERMAT POUR LA DÉTERMINATION DES MAXIMA ET MINIMA.

---

1. Lorsque la *Géométrie* de Descartes parut, Fermat, étonné de n'y pas voir spécialement traitées les questions de maximum et de minimum, fit connaître à cet effet une règle qu'il ne démontra pas, et sur laquelle il fondait d'autres règles pour la détermination des tangentes et des centres de gravité. Elle peut être énoncée de la manière suivante, en employant, pour plus de clarté, le langage et les notations actuellement en usage :

Soit désignée par $F(x)$ l'expression algébrique d'une quantité variable, dépendante d'une quantité indéterminée x et de quantités constantes données. Pour trouver les valeurs particulières de x qui donnent à $F(x)$ des valeurs maxima et minima, il faut changer x en $x + e$, et égaler les deux valeurs de l'expression désignée par F, qui correspondent à ces deux valeurs de l'indéterminée arbitraire, c'est-à-dire poser l'équation

$$(1) \qquad F(x) = F(x + e).$$

En retranchant les parties communes aux deux membres, il ne restera que des termes affectés de la première puissance ou de puissances supé-

rieures de e; on divisera par la puissance de e qui sera commune à tous les
termes, et l'on obtiendra ainsi des termes débarrassés de la quantité e, qui
pourra rester encore dans certains autres, à diverses puissances. On supprimera ensuite tous ces derniers, et on ne conservera dans l'équation que les
termes qui ne renferment plus e. Les valeurs de x tirées de cette équation
seront celles qui correspondront tant aux valeurs maxima qu'aux valeurs
minima de $F(x)$; mais la règle ne donne aucun moyen de les distinguer les
unes des autres.

2. Si les opérations indiquées dans l'expression algébrique que nous dé-
signons par $F(x)$, ne peuvent s'exécuter dans $F(x+e)$, de manière à obte-
nir des termes indépendants de e, et d'autres affectés de puissances de e,
on commencera par modifier la forme de l'équation (1), de telle sorte que
la quantité e ne se trouve, ni dans les dénominateurs, ni sous des radicaux.
Les opérations pourront alors s'effectuer dans les deux membres, qui se
composeront l'un et l'autre de termes indépendants de e, et de termes affectés de diverses puissances de e. On suivra alors la règle indiquée ci-dessus :
on supprimera les termes communs; on divisera ensuite par la puissance
de e la plus élevée qui sera commune à tous les termes, puis on supprimera
tous ceux où restera encore e; l'équation ainsi réduite sera celle qui donnera
les valeurs de x correspondantes au maximum ou au minimum.

Remarque. — On voit que le procédé de Fermat le conduit à la même
règle que celui des modernes. Il revient, en effet, à égaler à zéro le coefficient de la première puissance de e dans le développement de $F(x+e)$.
Mais, s'il y a des dénominateurs ou des radicaux, Fermat étant obligé de les
faire disparaitre, les deux procédés ne conduisent plus alors à une même
règle.

Principe de cette méthode.

3. Fermat n'ayant pas donné la démonstration de sa règle, diverses con-
jectures ont été faites sur le principe qui lui servait de base. Essayons de
fixer l'opinion sur ce point.

Une remarque importante à faire d'abord, c'est qu'il déclare expressément que les deux membres de l'équation (1) ne sont réellement pas égaux.
Il les considère, dit-il, « tanquam essent æqualia, licet revera æqualia non
» sint, et hujusmodi comparationem vocavi adæqualitatem... »

Il est nécessaire encore de se rappeler un passage de la *Nova stereometria
doliorum* de Kepler, imprimée en 1615, c'est-à-dire plus de vingt ans avant

la publication de la méthode de Fermat. Ce passage se rapporte aux valeurs voisines, de part et d'autre d'une valeur maximum; il est ainsi conçu :

« Circa maximum vero utrinque circumstantes decrementa habent initio » insensilia. » (II pars, theorema V, corollarium II.)

Il me paraît évident, par ce rapprochement, que Fermat est parti de cette idée de Képler, admise comme générale sans démonstration, que si, pour une certaine valeur x, $F(x)$ est maximum, et que l'on considère des valeurs très-voisines $x \pm e$, le décroissement correspondant de $F(x)$ sera incomparablement plus petit que l'accroissement $\pm e$ de x; en d'autres termes, que la différence entre $F(x)$ et $F(x \pm e)$ est infiniment petite par rapport à e, qui est supposé lui-même infiniment petit. Mais comme cependant elle n'est pas nulle, il prévient expressément qu'il entend que l'équation

(2) $$F(x+e) - F(x) = 0 \quad \text{ou} \quad F(x+e) = F(x)$$

n'est pas rigoureusement exacte.

Après la suppression des termes qui se détruisent, l'équation (2) peut s'écrire ainsi :
$$Ae + Be^2 + Ce^3 + \ldots = 0.$$

A, B, C étant des expressions de forme connue, renfermant x, mais indépendantes de e. D'après ce qui a été dit, le premier membre doit avoir avec e un rapport infiniment petit. Le divisant par e, le quotient

$$A + Be + Ce^2 + \ldots$$

doit donc être infiniment petit, ce qui ne serait pas si A n'était pas zéro. Les valeurs de x correspondantes à un maximum ou un minimum doivent donc satisfaire à la condition $A = 0$.

Si l'équation (2) renfermait des diviseurs dépendant de x ou de e, on les ferait disparaître par des multiplications qui ne changeraient pas l'ordre de grandeur des deux membres, ainsi que de leur différence, pourvu que ces diviseurs fussent des quantités finies. On rentrerait ainsi dans le premier cas, et l'on parviendrait de la même manière à l'équation qui déterminerait les valeurs cherchées de x. S'il y avait des radicaux, on les ferait disparaître par des élévations de puissances, afin de mettre en évidence les termes indépendants de e, qui se détruisent de part et d'autre.

Nous allons donner quelques exemples de ces divers cas :

1° *Partager un nombre donné a en deux parties telles que la somme des quotients de chacune d'elles par l'autre soit maximum ou minimum.*

En désignant une des parties par x, la somme des quotients dont il s'agit aura pour expression

$$\frac{x}{a-x} + \frac{a-x}{x};$$

ce sera la forme particulière de $F(x)$ dans cet exemple. L'équation (1) deviendra

$$\frac{x}{a-x} + \frac{a-x}{x} = \frac{x+e}{a-x-e} + \frac{a-x-e}{x+e};$$

les deux membres ne devant différer que d'une quantité infiniment petite par rapport à e, il en sera encore ainsi si on les multiplie par une même quantité finie, par exemple par les dénominateurs. Chassant donc ces dénominateurs et retranchant les termes communs aux deux membres, on trouvera

$$(a - 2x)e - e^2 = 0,$$

ou, en divisant par e,

$$a - 2x - e = 0,$$

et supprimant les termes qui renferment encore e,

$$a - 2x = 0.$$

C'est là l'équation qui, d'après la règle de Fermat, doit donner la valeur de x correspondante au maximum ou au minimum. Mais cette règle ne donne pas le moyen de reconnaître si la valeur $\frac{a}{2}$ qu'on trouve pour x, répond au maximum ou au minimum.

2° *Partager a en deux parties telles que la somme de leurs racines carrées soit maximum ou minimum.*

On est conduit dans ce cas à l'équation

$$\sqrt{x} + \sqrt{a-x} = \sqrt{x+e} + \sqrt{a-x-e},$$

d'où, en élevant au carré,

$$a + 2\sqrt{x(a-x)} = a + 2\sqrt{(x+e)(a-x-e)};$$

et la différence de ces deux membres est du même ordre de grandeur que dans la première équation. Réduisant et élevant au carré, on obtient

$$x(a-x) = (x+e)(a-x-e), \quad \text{ou} \quad e(a-2x) - e^2 = 0.$$

Divisant par e, et faisant $e = 0$, on trouve

$$a - 2x = 0,$$

d'où

$$x = \frac{a}{2}.$$

4. L'explication que nous venons de donner du procédé de Fermat parait la seule admissible; elle a été adoptée par Montucla dans son *Histoire des Mathématiques*; mais il faut avouer que le principe de Képler, sur lequel elle est fondée, n'étant nullement démontré, la méthode elle-même ne l'était pas, et il n'est pas étonnant qu'elle ait été bien ou mal attaquée, et fort mal défendue.

Voici, par exemple, une objection qu'y fit Descartes :

Objection de Descartes à la méthode des maxima et minima de Fermat.

5. Descartes, voulant éprouver l'exactitude de cette méthode, et ne pouvant en critiquer les raisonnements, puisque l'auteur ne les faisait pas connaître, se proposa de l'appliquer à ce problème :

Étant donné un point hors d'une courbe, trouver la plus grande ligne qu'on puisse mener de ce point à la partie de la courbe, concexe vers ce point.

Il choisit à cet effet la parabole, et le point donné sur l'axe même; et il prétendait que si la méthode était bonne, elle devait donner pour la plus grande ligne la direction de la tangente partant du point donné.

Fig. 1.

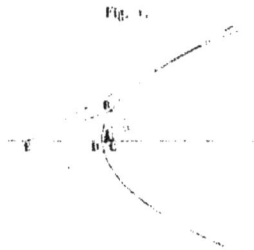

Soient D (*fig.* 1) le sommet de la parabole, E le point fixe choisi sur l'axe, B un point quelconque de la partie de la parabole qui est convexe vers E;

$CB = b$, $EC = a$, $CD = d$; d'où

$$\overline{BE}^2 = a^2 + b^2.$$

Il change ensuite a en $a + e$ (ou bien, dit-il, en $a - e$, car l'un revient à l'autre) et trouve pour la nouvelle valeur de $\overline{BE}^2$

$$(a + e)^2 + \frac{b^2(d + e)}{d}.$$

L'égalant à la première et supprimant les termes communs $a^2 + b^2$, il vient

$$\frac{b^2 e}{d} + 2ae + e^2 = 0,$$

et divisant par e

$$\frac{b^2}{d} + 2a + e = 0,$$

puis supprimant les termes en e

$$\frac{b^2}{d} + 2a = 0,$$

ce qui ne donne point la valeur a; d'où il tira la conséquence que la règle était défectueuse. Roberval lui répondit que lorsque le point B se déplace sur la parabole, la longueur EB ne devient pas maximum quand sa direction est tangente, puisqu'elle continue à croître quand le point B dépasse le point de contact. Descartes répliqua que la règle n'exigeait pas qu'il y eût décroissement de part et d'autre du maximum, et qu'elle aurait dû s'appliquer à l'ensemble des rayons menés de E à la partie convexe seulement. Il était donc bien naturel que Fermat s'expliquât nettement sur la manière dont il entendait la question. Mais alors il aurait fallu donner une démonstration rigoureuse de sa règle, ce qu'il n'a jamais fait, et ce qui n'était pas possible s'il ne la fondait que sur le principe très-vrai, mais nullement démontré, de Képler. Or, nous prouverons bientôt qu'il ne songeait pas à la condition du décroissement des deux côtés du maximum.

Quant au reproche qui était fait à Descartes de n'avoir rien dit des maxima et minima dans sa *Géométrie*, il s'en défend vivement et affirme qu'il connaissait depuis longtemps le moyen de les déterminer, lorsque Fermat fit connaître sa méthode; il dit que sa *Géométrie* renferme tout ce qui est nécessaire pour la solution des questions de ce genre, mais qu'il n'a pas cru devoir employer ces dénominations de *maximum* et de *minimum*, qu'on ne rencontre que dans certaines parties des ouvrages d'Apollonius. Et en effet il est difficile de croire que Descartes, possédant une méthode analytique pour la détermination des tangentes, et ayant imaginé lui-même de représenter les fonctions par des courbes, n'ait pas vu que tous les problèmes de maximum ou de minimum revenaient à la recherche des plus grandes ou des plus petites ordonnées, c'est-à-dire, en général, des points où la tangente est parallèle à l'axe des abscisses.

Heureusement Descartes ne se borna pas à montrer que la règle de Fermat était impuissante à donner la plus grande ligne menée d'un point à la convexité d'une courbe; il voulut faire voir *en quelle sorte on la pouvait corriger*, de manière à lui faire trouver ce maximum : mais, comme on le pense bien, ce ne fut pas une méthode de maximum, ce fut une méthode des tangentes qu'il trouva. Il s'obstina cependant à n'y voir qu'une *rectification* de la règle de Fermat, au lieu d'une *découverte importante* dont il pouvait se faire honneur, et qui n'avait aucun rapport avec la méthode qu'il attaquait. Nous y reviendrons bientôt, quand nous parlerons du problème des tangentes.

Raisons de croire que la condition du décroissement des deux côtés du maximum n'était pas sous-entendue par Fermat, comme le prétendait Roberval.

6. Dans la première exposition de sa règle, Fermat s'exprime ainsi :

« Adæquentur duo homogenea maximæ aut minimæ æqualia, et demptis communibus (quo peracto homogenea omnia, ex parte alterutra, ab *e* vel ipsius gradibus afficiuntur) applicentur omnia ad *e* vel ad elatiorem ipsius gradum, donec aliquod ex homogeneis, ex parte utravis, affectione sub *e* omnino liberetur. »

Il est évident que Fermat prescrit par là de diviser $F(x+e) - F(x)$ par la puissance de *e* commune à tous les termes, et qu'il suppose pouvoir être supérieure à la première. C'est ce qui devient encore plus clair par l'application qu'il fait de cette méthode dans un des chapitres suivants ayant pour titre *Ad eamdem methodum*. Le problème consiste à partager une ligne donnée *b* en deux parties *x* et *b* — *x*, telles que le produit $x^2(b-x)$ soit maximum; et par conséquent $F(x)$ est dans ce cas $x^2(b-x)$.

Après avoir changé *x* en *x* + *e* dans cette fonction, et retranché $x^2(b-x)$, il obtient

$$be^2 + 2xbe - 3x^2e - 3xe^2 - e^3,$$

3

qui est la valeur de $F(x+e) - F(x)$ pour cet exemple. Il continue ainsi :

‹ Totum dividamus per e. Hac divisione peracta, si omnia homogenea ‹ dividi possunt per e, iteranda erit divisio per e, donec reperiatur aliquod ex ‹ homogeneis quod hujusmodi divisionem non admittat, id est, Vieteis ver- ‹ bis utar, quod non afficiatur ab e; sed quia in exemplo proposito compe- ‹ rimus divisionem iterari non posse, hic standum est. ›

On voit donc que Fermat admettait comme possible que $F(x+e) - F(x)$ eût en facteur une puissance de e supérieure à la première, x étant indéter- miné; mais ce n'est pas pour relever cette erreur, très-pardonnable de son temps, que nous avons cité ces passages; d'autant plus qu'elle ne pouvait avoir aucune influence dans l'application. La conséquence que nous voulons en tirer est celle-ci : puisque Fermat égale à zéro le multiplicateur total de la plus faible puissance de e, facteur dans $F(x+e) - F(x)$, et qu'il admet que cette puissance pourrait être la seconde, il s'ensuit que pour la valeur de x qui donne le maximum, l'accroissement $F(x+e) - F(x)$ peut avoir e^2 pour facteur des termes de moindre degré en e, ce qui lui donnerait des signes différents pour $x-e$ et $x+e$: et cela n'aurait pu échapper à Fermat qui a assez fait voir par sa règle même qu'il ne regardait pas comme de même ordre de grandeur les différentes puissances de e. On doit donc reconnaître, ou que Fermat ne s'occupait nullement de savoir si la fonction décroissait des deux côtés du maximum; ou bien qu'il y songeait, et qu'il admettait qu'elle pouvait croître d'un côté et décroître de l'autre.

Or nous croirions faire injure à Fermat en nous arrêtant un seul instant à cette dernière hypothèse : il faut donc admettre qu'il ne songeait qu'à expri- mer que $F(x+e) - F(x)$ était infiniment petit par rapport à e, et nulle- ment à exprimer que cet accroissement était de même signe pour $+e$ et $-e$. Si c'eût été là sa pensée, il aurait sans aucun doute découvert la théorie des modernes avec les moyens de distinguer le maximum du minimum, ce qu'il n'a pas fait. Mais, si Fermat n'a rien dit ni rien sous-entendu relative- ment au sens de l'accroissement, Descartes pouvait donc se croire le droit d'appliquer la règle sans s'occuper de ce sens, au moins jusqu'à ce que la démonstration de cette règle fût communiquée, ce qui n'a point été fait.

Comment Descartes complète la règle des maxima et minima de Fermat.

7. Voici le passage qu'on trouve dans la 60e lettre du tome III, où il cri- tique la méthode de Fermat :

‹ Mais le point principal, et celui qui est le fondement de la règle, est

« omis en l'endroit où sont ces mots : *Adæquentur duo homogenea maximæ*
« *et minimæ æqualia*, lesquels ne signifient autre chose, sinon que la somme
« qui explique *maximam in terminis sub A gradu ut libet involutis* doit être
« supposée égale à celle qui l'explique *in terminis sub A et E gradibus ut*
« *libet coefficientibus*. Et vous demanderez, s'il vous plait, à ceux qui la sou-
« tiennent, si ce n'est pas ainsi qu'ils l'entendent, avant que de les avertir
« de ce qui doit y être ajouté ; à savoir, au lieu de dire simplement *adæ-*
« *quentur*, il fallait dire : *Adæquentur tali modo, ut quantitas per istam*
« *æquationem invenienda, sit quidem una, quum ad maximam aut minimam*
« *refertur, sed emergens ex duabus quæ per eamdem æquationem possent inve-*
« *niri, essentque inæquales, si ad minorem maxima, vel ad majorem minima*
« *referrentur.* »

Je ne vois pas qu'on puisse attacher à ce passage un autre sens que
celui-ci :

« Il ne suffit pas de poser l'équation $F(x) = F(x + e)$; il faut encore que
« la valeur de x que l'on en tire, provienne de deux valeurs inégales, satis-
« faisant à cette même équation, et se réduisant à une seule, quand on veut
« qu'elles se rapportent au *maximum* ou au *minimum*. »

Opinion de Huyghens sur le principe de la règle de Fermat : démonstration qu'il en donne.

8. Huyghens commence en ces termes son exposition :

« Ad investiganda maxima et minima in geometricis quæstionibus, regu-
« lam certam primus, quod sciam, Fermatius adhibuit : cujus originem ab
« ipso non traditam, cum exquirerem... »

Huyghens commence donc par déclarer au sujet des maxima et minima,
comme on verra bientôt qu'il le fait aussi pour les tangentes, que Fermat
est mort sans faire connaître la démonstration ou le principe de ses méthodes. Voyons maintenant comment il croit pouvoir interpréter la pensée
de l'inventeur.

Il commence par remarquer que lorsqu'une fonction $F(x)$ d'une variable x, acquiert une valeur maximum quand x passe par une certaine
valeur particulière ; si, à partir de cette valeur, on fait varier x dans un
sens et dans l'autre, la fonction commence dans les deux cas par décroître. Donc, à chaque valeur qu'elle prend d'un côté en correspond une
égale de l'autre, au moins dans un certain intervalle fini qui pouvait être
très-petit. En désignant par x et $x + e$ deux valeurs de x, comprenant

3.

entre elles celle qui donne le maximum, et pour lesquelles les deux valeurs de la fonction soient rigoureusement égales, on aura l'équation

(3) $$F(x) = F(x + e),$$

et x sera d'autant plus voisin de la valeur correspondante au maximum, que e sera plus petit.

Chassant les dénominateurs de cette équation, et faisant disparaître les radicaux, s'il y en a qui renferment les inconnues, on arrivera à une équation où les termes indépendants de e se détruiront, de sorte que e restera en facteur, et on pourra le supprimer. L'équation ainsi obtenue équivaudra toujours à l'équation (3), et elle donnera pour x une valeur d'autant plus voisine de celle que l'on cherche, que e sera plus petit; il suffira donc de faire $e = 0$ pour avoir l'équation qui détermine la valeur de x correspondante au maximum de $F(x)$. Et l'on agirait tout à fait de la même manière s'il s'agissait d'un minimum.

9. Ce procédé de calcul est évidemment le même que celui que prescrit Fermat. Il est appuyé de considérations claires et d'une rigueur suffisante; mais quoique Huyghens dise *et hæc est ratio methodi Fermatiani*, il me semble facile d'établir que le principe de cette démonstration est fort différent de celui de Fermat.

En effet, l'équation (1) de ce dernier n'est pas rigoureusement exacte, et x y désigne la valeur même qui correspond au maximum. Au contraire, l'équation (3) de Huyghens est tout à fait exacte, mais x désigne une quantité qui est seulement très-voisine de celle qui répond au maximum. Tous les calculs de Huyghens sont rigoureux; tous ceux de Fermat ne sont qu'approchés, jusqu'au moment où il remplace e par zéro. Le principe des deux méthodes est donc essentiellement différent; elles ne s'accordent qu'à la conclusion.

Quant à l'idée ingénieuse de déterminer la valeur cherchée de la variable x, par la condition qu'elle soit le cas particulier de deux racines qui deviennent égales dans l'équation

$$F(x) = F(x + e),$$

il ne me semble pas, d'après le passage précédemment cité, qu'on en puisse faire honneur à un autre que Descartes.

Mais nous ne voulons pas dire que l'on ignorât avant Descartes cette propriété que, pour une valeur donnée de la fonction $F(x)$, on trouve deux valeurs différentes de x, qui se réduisent à une seule dans le cas du maximum ; nous disons seulement que ce n'était pas sur cette propriété qu'on fondait la détermination de cette valeur remarquable. Pappus lui-même donne en effet la preuve qu'il connaissait cette propriété, comme on le voit par le passage suivant de Fermat :

« Hoc loco Pappus vocat minimam proportionem μοιαχὸν καὶ ἐλάχιστοι,
» minimam et singularem, ideo scilicet, quia si proponatur quæstio circa
» magnitudines datas duobus semper locis satisfit quæstioni ; sed in mi-
» nimo aut maximo termino, unicus est qui satisfaciat locus. »

Ce passage de Fermat se trouve dans un chapitre intitulé *Ad eamdem methodum*, et postérieur à l'écrit qui a donné·lieu à la discussion. Mais alors même, Fermat songeait si peu à en faire la base de sa méthode, que c'est dans ce même chapitre qu'il dit que les deux quantités $F(x)$ et $F(x+e)$ ne sont pas rigoureusement égales. *Comparo*, dit-il, *tanquam essent æqualia, licet revera æqualia non sint.*

L'idée de Fermat était donc tout autre que celle de Huyghens, ou plutôt de Descartes, qui conduit à des égalités rigoureuses.

DEUXIÈME PARTIE.

SUR LES MÉTHODES DES TANGENTES DE DESCARTES ET FERMAT.

Première méthode de Descartes.

10. La *Géométrie* de Descartes a offert la première méthode analytique pour déterminer les tangentes aux courbes dont on donne l'équation ; et comme elle a été le point de départ de la discussion dont nous nous occupons, il est nécessaire de la faire connaître d'abord en peu de mots.

Descartes se propose de mener en un point donné M (*fig.* 2) d'une courbe quelconque dont on a l'équation en coordonnées rectangles, ou même dans un autre système, une droite qui coupe la courbe à angles droits, ou, en d'autres termes, qui soit perpendiculaire à la tangente.

Si N est le point où cette perpendiculaire, ou normale, rencontre l'axe des x, le cercle décrit de ce point comme centre, avec le rayon NM, sera

Fig. 2.

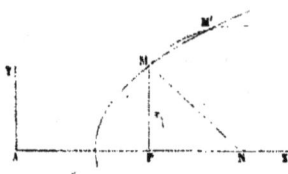

tangent en M à la courbe; mais si N est seulement très-voisin de ce point, le cercle coupera la courbe en un second point M′ qui se rapprochera indéfiniment de M, lorsque N se rapprochera indéfiniment du pied de la normale : on aura donc ce point même en faisant coïncider M et M′.

On voit que ce principe très-simple, sur lequel est fondée la méthode, peut s'énoncer ainsi : une ligne quelconque variable, qui coupe une courbe donnée en un point fixe et en un second point qui se rapproche indéfiniment du premier, devient tangente à cette courbe quand les deux points d'intersection coïncident.

Soient

$$AP = x, \quad PM = y, \quad MN = s, \quad AN = v,$$

et

(1) $$F(x, y) = 0$$

l'équation de la courbe : on aura

(2) $$s^2 = y^2 + (v - x)^2,$$

équation où on laissera s et v constants, et qui conviendra par conséquent à tous les points distants du point N de la quantité s. Si donc on en tire x ou y et qu'on le substitue dans l'équation de la courbe, il n'y restera plus qu'une seule coordonnée; et l'équation ainsi obtenue fera connaître les valeurs de cette coordonnée qui correspondent à tous les points communs au cercle et à la courbe.

Si par exemple on a tiré la valeur de y,

$$y = \sqrt{s^2 - v^2 + 2vx - x^2},$$

les x des points communs seront donnés par l'équation

$$(3) \qquad \qquad F\left(x, \sqrt{s^2 - v^2 + 2vx - x^2}\right) = 0$$

qui aura pour solution l'abscisse du point M, et un certain nombre d'autres, dont l'une sera d'autant plus voisine de celle-ci que N sera plus près
du pied de la normale. Exprimant donc que l'équation (3) a deux racines
égales à l'abscisse du point donné, on aura entre s et v une équation qui
déterminera le pied de la normale, en y joignant l'équation (1) s'il est nécessaire. Descartes réduit d'abord l'équation (3) à être entière et rationnelle, ce qui ne suppose nullement que l'équation (1) puisse être résolue
par rapport à une des deux variables, ou à une de ses puissances; et alors
se présente la question suivante, que nous considérerons d'abord indépen-
damment des circonstances particulières du problème actuel : étant donnée
une équation de degré quelconque,

$$(4) \qquad \qquad x^m + ax^{m-1} + bx^{m-2} + \ldots + tx + u = 0,$$

trouver la relation que doivent avoir entre eux les coefficients des diverses
puissances de x pour qu'elle ait deux racines égales.

C'est pour résoudre cette question que Descartes a imaginé la méthode
des coefficients indéterminés, dont il a fait plus tard d'autres applications.

A cet effet, il identifie le premier membre de l'équation (4) au produit
du carré d'un binôme $x - \alpha$ par un polynôme de degré $m - 2$, dont les
coefficients sont indéterminés comme α, et au nombre de $m - 2$. Il
obtient ainsi m équations, en égalant les coefficients des mêmes puissances
de x dans les deux polynômes. Si de ces m équations on éliminait les $m - 1$
indéterminées, on aurait la condition générale pour l'égalité de deux racines de l'équation (4).

Mais dans la question actuelle, où ces deux racines doivent être égales à
l'abscisse donnée du point M, il n'est pas nécessaire d'éliminer α qui est
connu, et l'on a deux équations entre s, v, et l'abscisse α; et l'on pourrait
se borner à une seule, puisque l'on a déjà l'équation (2) entre s, v et les
deux coordonnées connues de M. Cette dernière équation pouvant toujours
être résolue par rapport à s ou v, on parvient toujours à une équation à une
seule inconnue v ou s; et c'est à sa résolution qu'est ramené le problème
géométrique des tangentes.

11. *Remarque.* — Le calcul de Descartes serait simplifié en observant que
si l'équation (4) a des racines égales, elles doivent satisfaire en même

temps à cette équation et à celle qu'on obtient en égalant à zéro sa dérivée, ce qui donne

$$(5) \qquad m x^{m-1} + (m-1) a x^{m-2} + (m-2) b x^{m-3} \ldots + t = o.$$

Or, dans la question actuelle la valeur de x est donnée: les deux équations (3) et (5) feront donc connaître s et v, au moyen de l'x du point donné. On pourrait encore faire usage de l'équation (2) avec (5) pour éliminer une des inconnues s ou v; mais alors on introduirait l'x et l'y du point donné.

12. Parmi les exemples traités par Descartes, nous choisirons le plus simple. Soit l'équation des sections coniques

$$y^2 = r x - \frac{r}{q} x^2;$$

remplaçant y par $\sqrt{s^2 - v^2 + 2 v x - x^2}$, on obtient

$$x^2 - \frac{(2v - r) q}{q - r} x + \frac{(v^2 - s^2) q}{q - r} = o.$$

L'identifiant avec $x^2 - 2 \alpha x + \alpha^2$, on obtient

$$\frac{(2v - r) q}{q - r} = 2 \alpha, \qquad \frac{(v^2 - s^2) q}{q - r} = \alpha^2.$$

Si α n'était pas donné, on l'éliminerait de ces deux dernières et on aurait simplement la condition entre v et s pour que le cercle fût tangent. De sorte que si l'on se donnait v à volonté, on en déduirait la valeur s du rayon du cercle tangent à la courbe, et ayant son centre au point de l'axe déterminé par v. Mais si le point est donné sur la courbe, α est connu, et l'on trouve, en faisant usage de l'équation qui ne renferme pas s,

$$v = \alpha - \frac{\alpha r}{q} + \frac{r}{2},$$

ce qui détermine le pied de la normale.

Emploi de cette méthode en admettant les connaissances actuelles en analyse.

13. On sait que pour qu'une équation $\varphi(x) = o$ ait des racines égales, il faut qu'elle ait lieu, pour ces valeurs de x, en même temps que $\varphi'(x) = o$,

φ' désignant la dérivée de la fonction φ, quelle que soit d'ailleurs sa forme. Admettons ce principe, qui n'était pas connu du temps de Descartes, parce qu'il suppose la connaissance du développement des fonctions, et nous allons voir que sa méthode conduit immédiatement au même résultat que les théories modernes. Supposons d'abord que l'équation de la courbe puisse être résolue par rapport à l'une des deux coordonnées, par exemple y, et soit

$$y = f(x);$$

l'équation (3) deviendra

$$\sqrt{s - (v - x)^2} = f(x),$$

ou

$$f(x)^2 + (v - x)^2 - s^2 = 0.$$

Prenant la dérivée par rapport à x en regardant s et v comme des constantes, on obtiendra l'équation

$$f(x) f'(x) - (v - x) = 0,$$

qui exprimera que la précédente a deux racines égales, et déterminera v, et par suite le pied de la normale. On en tirera

$$v - x = f(x) f'(x);$$

ce qui est, en effet, l'expression générale de la sous-normale.

Prenons maintenant pour la courbe l'équation (1), la plus générale possible,

$$F(x, y) = 0,$$

et admettons les principes actuellement connus des dérivées. Car nous n'avons pour but que d'étudier la méthode par laquelle Descartes ramène le problème géométrique des tangentes à des problèmes d'Algèbre; cette méthode devait naturellement devenir d'une application plus facile et plus générale par les progrès de l'analyse; et pour la comparer avec celles des modernes, il est évident qu'il faut mettre à son service toutes les ressources de calcul que l'on possède aujourd'hui.

Cela posé, revenons à l'équation (3) qui doit donner les abscisses des points de rencontre de la courbe et du cercle, en regardant s et v comme constants; mais pour plus de simplicité, laissons-lui la forme (1) en entendant que y y représente la fonction de x, $\sqrt{s^2 - (v - x)^2}$. Pour exprimer

4

qu'elle a deux racines égales, il faut égaler à zéro la dérivée par rapport à x de la fonction composée $F(x, y)$. En employant les notations de Lagrange, on obtiendra ainsi

$$F'(x) + F'(y) y' = 0,$$

et l'on aura

$$y' = \frac{v - x}{\sqrt{s' - (v - x)^2}} = \frac{v - x}{y}.$$

L'équation précédente devient donc

$$F'(x) + F'(y) \frac{(v - x)}{y} = 0,$$

d'où

$$v - x = -y \frac{F'(x)}{F'(y)},$$

ce qui est encore l'expression générale de la sous-normale, donnée dans le calcul différentiel.

Première méthode des tangentes de Fermat.

14. Après avoir exposé sa méthode des maxima et minima, Fermat passe à la détermination des tangentes, et commence en ces termes :

« Ad superiorem methodum inventionem tangentium ad data puncta in lineis quibuscumque curvis reducimus. »

On voit donc d'abord qu'il n'y a pas lieu de douter, comme l'ont fait et le font encore quelques personnes, que Fermat ramène la recherche des tangentes à la méthode des maxima et minima ; mais sur la manière dont il les y ramène, il y a diverses opinions que nous discuterons. Commençons par faire connaître ce qu'il a écrit lui-même un peu trop brièvement à ce sujet. Il prend la parabole comme base de ses raisonnements, mais l'expression même qu'il emploie, *in quibuscumque curvis*, prouve qu'il les étendait à beaucoup d'autres courbes, sinon à toutes, et nous les généraliserons autant qu'il pourra être supposé l'avoir fait lui-même.

Soient D (*fig.* 3) le sommet de la parabole, B le point quelconque où l'on veut mener la tangente, C le pied de l'ordonnée de B, E le point où la tangente coupe l'axe ; faisons CD $= d$, CE $= a$, CI $= e$, et par le point I élevons une ordonnée qui coupe la courbe en B', et la tangente en O ; ce point O sera au-dessus de B', que I soit à gauche de C ou à droite, puisque les points de

Fig. 3.

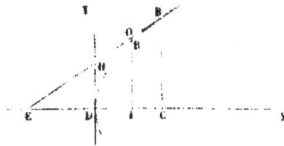

la courbe doivent être d'un même côté de la tangente, de part et d'autre du point de contact.

Or, pour tous les points de la parabole dont l'équation est de la forme $y^2 = px$, le rapport du carré de l'ordonnée à l'abscisse est constant ; on a donc

$$\frac{\overline{BC}^2}{DC} = \frac{\overline{B'I}^2}{DI},$$

et par conséquent

$$\frac{\overline{OI}^2}{DI} > \frac{\overline{BC}^2}{DC};$$

c'est ce que Fermat énonce ainsi : *major erit proportio* CD *ad* DI *quam* $\overline{BC}$ *ad* $\overline{OI}$.

D'où il est manifeste que si le point O se déplace en restant toujours, comme il est supposé, sur la tangente, le rapport $\frac{\overline{OI}^2}{DI}$ sera minimum quand ce point sera en B, puisque pour toute autre position ce rapport est plus grand que la valeur qu'il acquiert en ce point.

Si l'on avait renversé le rapport, on aurait eu un maximum au lieu d'un minimum ; comme aussi si la courbe était au-dessus de la tangente, au lieu d'être au-dessous comme elle l'est dans notre exemple.

Donc, d'après sa méthode des maxima et des minima, Fermat doit égaler $\frac{\overline{OI}^2}{DI}$ à $\frac{\overline{BC}^2}{DC}$, ou, en remplaçant les carrés de OI et BC par des quantités proportionnelles, dépendantes seulement des lignes situées sur l'axe, poser

$$\frac{\overline{EI}^2}{DI} = \frac{\overline{EC}^2}{DC},$$

4.

ou

(6)
$$\frac{(a-e)^2}{d-e} = \frac{a^2}{d};$$

c'est aussi ce qu'il fait ; puis il chasse les dénominateurs, et trouve en réduisant

$$de^2 + a^2 e = 2ade;$$

et divisant par e, puis faisant $e = 0$, il trouve

$$a = 2d.$$

L'inconnue CE est donc double de l'abscisse du point de contact; et il ajoute, pour indiquer que sa méthode est générale : *nec unquam fallit methodus.*

On voit donc que Fermat traite l'équation (6) absolument comme s'il voulait trouver le minimum de $\frac{\overline{OI}^2}{DI}$ ou $\frac{y^2}{x}$; et de plus il annonce que c'est à sa méthode des maxima et minima qu'il va ramener la recherche de la tangente : comment donc serait-il possible que son intention eût été différente de celle que nous lui supposons ici?

15. Quand à la généralité de cette méthode, nous ne dirons pas avec Fermat qu'elle pouvait s'appliquer à des courbes quelconques, mais seulement à celles dont l'équation pouvait être résolue par rapport à l'une des variables, ou, si cela est plus commode, à une puissance de l'une des variables. Si par exemple elle était de la forme

$$y^m = F(x),$$

le rapport $\frac{y^m}{F(x)}$ étant constant sur la courbe, et l'y de la tangente étant toujours plus grand, pour un même x, que celui de la courbe si celle-ci est au-dessous de la tangente dans le voisinage du point de contact, et toujours plus petit si elle est au-dessus, il s'ensuit que le rapport $\frac{y^m}{F(x)}$ considéré pour les points de la tangente, est un minimum ou un maximum, pour la valeur de x qui est l'abscisse du point de contact. En employant les mêmes dénominations que Fermat dans l'exemple qu'il avait choisi, et appliquant sa méthode, on aura l'équation

(7)
$$\frac{(a-e)^m}{F(d-e)} = \frac{a^m}{F(d)},$$

ou

$$F(d)(a - e)^m = a^m F(d - e),$$

qui, par les procédés déjà indiqués, conduira à la valeur de a, qui détermine la tangente.

Si l'exposant n'était pas entier, on l'y ramènerait immédiatement; et si $F(d - e)$ ne pouvait se développer, on traiterait l'équation comme nous l'avons dit à propos des maxima et minima.

Fermat serait arrivé aussi simplement au même résultat en considérant $y^m - F(x)$ comme maximum ou minimum, au lieu de $\frac{y^m}{F(x)}$; mais ce n'est pas ce qu'il a fait.

Applications des théories analytiques actuelles au principe de cette méthode.

16. Si, comme nous l'avons fait pour le principe de la méthode de Descartes, nous appliquons les connaissances actuelles d'analyse au principe de celle de Fermat, nous arriverons facilement à la formule générale de la sous-tangente.

En effet, quelle que soit la forme de l'équation, il est toujours certain que le rapport de l'ordonnée de la tangente à l'ordonnée correspondante de la courbe est maximum ou minimum au point de contact. Soient encore d l'abscisse de ce point, f son ordonnée, a la sous-tangente; $d - e$ et $f - \alpha$ les coordonnées d'un point indéterminé de la courbe; l'ordonnée de la tangente, pour l'abscisse $d - e$, sera $\frac{(a - e)f}{a}$, et son rapport à l'ordonnée de la courbe sera

$$\frac{(a - e)f}{(f - \alpha)a},$$

lequel doit avoir son maximum ou son minimum au point de contact. Il faut donc, d'après la règle, égaler cette valeur variable à celle du maximum, qui est évidemment 1 : ce qui donne

$$\frac{(a - e)f}{(f - \alpha)a} = 1, \quad \text{ou} \quad (a - e)f = (f - \alpha)a,$$

ou enfin

$$a\alpha = fe.$$

Il resterait donc à développer α suivant les puissances de e, supprimer le facteur commun e, puis faire e = o; divisant donc par e, on obtient

$$a \frac{\alpha}{e} = f,$$

et il suffira pour connaître a de mettre au lieu de $\frac{\alpha}{e}$ la valeur vers laquelle il tend quand e tend vers zéro, ce que l'on appelle la dérivée de y par rapport à x. En y appliquant les procédés connus de calcul, on trouvera pour a la formule générale des sous-tangentes.

Le principe de Fermat conduirait donc comme celui de Descartes aux déterminations modernes; mais il lui était inférieur sous le rapport de la rigueur, puisqu'il ramenait à une théorie fondée en quelque sorte sur une hypothèse, à savoir le principe non démontré de Képler.

Diverses opinions sur la manière dont Fermat ramenait le problème des tangentes à celui des maxima et minima.

17. Fermat n'ayant pas dit explicitement quelle quantité il fallait regarder comme maximum relativement à la tangente, divers points de vue ont été proposés à cet égard.

Descartes considéra comme devant être maximum la distance du pied E de la tangente aux différents points de la partie convexe de la parabole. Or, en appliquant la règle de Fermat à ce prétendu maximum, il était parvenu à un résultat absurde, comme nous l'avons fait voir; d'où il avait conclu le vice de cette règle. Aussi accuse-t-il Fermat de n'avoir pas ramené la recherche de la tangente à la méthode des maxima et minima; « car, » dit-il, étant défectueuse pour ces cas-là et ses semblables (au moins en « la façon qu'il propose), il n'aura pu trouver son compte en la voulant » suivre, ce qui l'aura obligé de prendre un autre chemin, par lequel ren- » contrant d'abord la conclusion qu'il savait d'ailleurs être vraie, il a pensé » avoir bien opéré, et n'a pas pris garde à ce qui manquait en son raison- « nement. »

En tout cela Descartes se trompait : d'abord en croyant que la longueur de la tangente était un maximum; en second lieu en ne reconnaissant pas que Fermat ramenait bien effectivement à une question de maximum.

Mais Roberval ne paraît pas l'avoir reconnu davantage; voici, en effet, ce qu'il dit dans sa réplique :

« Nous désirerions qu'il considérât la méthode de plus près, et il verrait
« que pour trouver la plus grande M. de Fermat a employé le raisonne-
« ment propre pour la plus grande, et que pour trouver les touchantes il a
« employé le raisonnement propre pour les touchantes.... La seconde objec-
« tion de M. Descartes est contre la méthode par laquelle M. de Fermat
« trouve les touchantes des lignes courbes, et particulièrement contre
« l'exemple qu'il en donne en la parabole, etc. »

Roberval admet donc que Fermat ne ramène pas les tangentes aux maxima,
et défend la méthode qu'il emploie à cet effet. Descartes l'avait attaquée en
disant que si, au lieu de la parabole, on prenait une ellipse ou une hyper-
bole ou une infinité d'autres courbes, les mêmes raisonnements seraient
applicables, et cependant conduiraient à des conséquences absurdes. Roberval répondit qu'il fallait considérer les points des deux côtés du point
de contact; que Descartes faisait usage d'une propriété de ces courbes qui
n'avait lieu que d'un seul côté, excepté pour la parabole; et que ce n'était
que pour cette courbe que le résultat pouvait être exact. Mais comme Roberval ne voyait pas que Fermat ramenait à un maximum, il ne pouvait
donner de raison qui obligeât à prendre une propriété d'inégalité qui fût la
même des deux côtés, et par suite il ne pouvait repousser victorieusement
les attaques de Descartes.

Descartes, après avoir durement reproché à Roberval de prétendre que
Fermat n'avait pas voulu ramener les tangentes aux maxima, se propose de
montrer comment cela aurait dû être fait, et comment sa règle des maxima
et minima devait être corrigée. Pour ce dernier point, nous en avons déjà
parlé, au sujet de la démonstration de Huyghens, et nous ne le rappellerons
pas. Quant à l'application qu'il en veut faire aux tangentes, elle pêche en
ce qu'il regarde toujours la tangente comme un maximum; mais la méthode
à laquelle il parvient est très-bonne et indépendante des maxima et minima:
elle n'est point un perfectionnement de celle de Fermat, elle appartient
tout entière à Descartes, et nous en parlerons bientôt.

18. D'autres géomètres, convaincus que Fermat fondait, comme il le
disait si positivement, la détermination des tangentes sur celle d'un maximum ou d'un minimum, ont cherché quelle était la quantité qui présen-
tait cette propriété au point de contact.

Montucla, dans son *Histoire des Mathématiques*, dit qu'il n'y a là d'autre
maximum que le rapport de B'I à EI (*fig.* 3), lorsque la droite EB' tourne
autour du point E; ou bien encore la longueur DH déterminée par la ren-

contre de la sécante variable EB' avec une perpendiculaire à l'axe en D ; ce qui revient au même, puisque le rapport de DH à DE est égal à celui de B'I à IE. Enfin on pourrait semblablement regarder comme devenant maximum ou minimum l'angle B'EI, ce qui ne différerait pas réellement des deux autres points de vue.

M. Lefort, dans une note de l'ouvrage qu'il a fait sur Newton, en commun avec M. Biot, émet la même opinion que Montucla, et pense que Fermat regarde la tangente comme correspondante au maximum du rapport de B'I à EI.

Je ne pense pas que ces diverses opinions puissent être admises : d'abord parce que la démonstration de Fermat indique autre chose, et ensuite parce qu'elles supposent que le point variable, qui détermine l'expression de la grandeur qui doit devenir maximum, se meut sur la courbe même, tandis que Fermat dit expressément qu'il le fait se déplacer sur la tangente.

Je ne vois d'interprétation possible de la pensée de Fermat que celle que j'ai donnée ci-dessus.

Seconde méthode des tangentes de Descartes.

19. Descartes, après avoir modifié et corrigé, comme il le disait, la règle des maxima de Fermat, voulut l'appliquer à la recherche des tangentes ; mais il eut le tort de continuer à regarder la longueur EB de la tangente comme maximum. Les raisonnements, au reste, sont parfaitement justes, parce qu'il n'emploie que la seule considération que les deux valeurs de la sécante deviennent égales lorsqu'elle est tangente. On voit bien cependant que ce n'était pas appliquer sa propre méthode des maxima, qu'il appelait la méthode de Fermat corrigée. Car ici, les quantités qui deviennent égales sont les valeurs de la fonction maximum elle-même, au lieu d'être les valeurs de la variable dont dépend cette fonction, comme cette règle le demanderait.

Ainsi Descartes n'appliquait pas réellement à la recherche de la tangente la considération du maximum ; il résolvait effectivement ce problème : « Déterminer la tangente à une courbe en la considérant comme la position » particulière d'une sécante tournant autour du pied de la tangente, jusqu'à » ce que deux de ses points d'intersection avec la courbe viennent à coïn- » cider. »

Voici maintenant la solution qu'il en donne (*fig.* 4) :

Soient **M** le point de contact donné, **T** le pied de la tangente, **TNN′** une

Fig. 4.

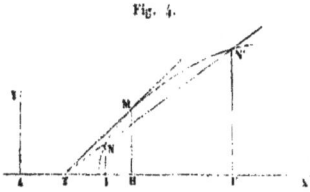

sécante quelconque partant de T, et rencontrant la courbe en N, N′; soit

$$AI = x, \quad NI = y, \quad TI = a, \quad II′ = e.$$

Sans m'arrêter à chercher la plus grande, dit-il, je cherche N′I′ de deux manières, d'abord par les triangles semblables qui donnent

$$\frac{NI}{TI} = \frac{N′I′}{TI′} \quad \text{ou} \quad \frac{y}{a} = \frac{N′I′}{a+e},$$

ce qui donne pour l'ordonnée du point N′,

$$N′I′ = y + \frac{ey}{a};$$

puis je le cherche par la courbe; c'est-à-dire qu'il exprime que les coordonnées de N′ satisfont à l'équation de la courbe. Si par exemple on suppose

$$y^m = F(x),$$

on trouvera ainsi

$$\left(y + \frac{ey}{a}\right)^m = F(x+e),$$

ou, d'après la précédente,

$$F(x)\left(1 + \frac{e}{a}\right)^m = F(x+e),$$

équation rigoureusement exacte, et qui coïncide avec l'équation approchée (7) de Fermat : on la rendra entière et rationnelle, après quoi on supprimera les termes indépendants de *e*, qui se détruiront tous; puis on divisera par la puissance de *e* commune à tous les termes, et l'on aura encore

5

une équation exacte qui donnerait pour les valeurs de $x + e$ les abscisses des points de rencontre, autres que N.

Si maintenant on veut que les deux abscisses qui diffèrent de e deviennent égales, c'est-à-dire que les deux points N, N' se confondent, il faudra supposer $e = 0$; ce qui donnera une équation entre x et a, dans laquelle x sera l'abscisse donnée du point M, avec lequel les points N, N' sont venus coïncider, et a la valeur TH que prend TI quand N est venu en M, c'est-à-dire la valeur de la sous-tangente.

Si l'on suppose que $F(x + e)$ puisse se développer, et que l'on ait

$$F(x + e) = F(x) + Ae + Be^2 + \ldots,$$

l'équation ci-dessus deviendra

$$(a + e)^m F(x) = a^m [F(x) + Ae + Be^2 + \ldots] = (a^m + ma^{m-1}e + \ldots)F(x),$$

ou, en supprimant les termes communs,

$$a^m(Ae + Be^2 \ldots) = ma^{m-1}F(x)e + \ldots;$$

divisant par e, puis faisant $e = 0$, on trouve, en supprimant le facteur commun a^{m-1},

$$aA = mF(x);$$

d'où

$$a = \frac{mF(x)}{A},$$

ce qui est la formule de la sous-tangente d'après l'équation donnée.

On peut remarquer que si c'était le point T qui fût donné et non le point de contact, x serait inconnu, a serait égal à $x - AT$, et AT serait connu. Le désignant par α, l'équation trouvée entre a et x subsisterait toujours et deviendrait

$$x - \alpha = \frac{mF(x)}{A}.$$

Il s'agirait alors de déduire x de cette équation à une seule inconnue.

20. On voit que Descartes, comme il le dit lui-même, ne s'est point occupé de *chercher la plus grande*, mais seulement d'exprimer que les trois points T, N, N' sont en ligne droite, et qu'ensuite les abscisses des deux points N, N′ de la courbe deviennent égales (*). Cette nouvelle méthode des tangentes, qui n'est nullement celle de Fermat perfectionnée, est indépendante de la forme de l'équation de la courbe et se résume ainsi :

Exprimer que x et y satisfont à cette équation, ainsi que $x + e$ et $y + \frac{ey}{a}$; c'est-à-dire, si on part de l'équation $F(x, y) = 0$, écrire les deux équations simultanées

$$(8) \qquad F(x, y) = 0, \quad F\left(x + e, y + \frac{ey}{a}\right) = 0.$$

Développer la seconde et la simplifier d'après la première, qui fera disparaître les termes indépendants de e; puis diviser par e et faire ensuite $e = 0$; l'équation en a ainsi obtenue déterminera la sous-tangente au moyen de l'x et l'y du point de contact.

C'est précisément là la méthode suivie aujourd'hui, seulement nos moyens de développement sont plus parfaits que ceux dont on pouvait user du temps de Descartes. En en faisant usage on obtient

$$F'(x) + \frac{y}{a} F'(y) = 0,$$

d'où

$$a = -y \frac{F'(y)}{F'(x)},$$

ce qui est la formule des modernes. Mais à l'époque même où Descartes a donné cette règle, il n'y aurait eu aucune difficulté pour une équation algébrique entière et rationnelle de degré quelconque.

Considérons, par exemple, la courbe à laquelle il défia Fermat d'appliquer sa méthode, savoir

$$y^3 + x^3 = mxy.$$

L'équation (8) est dans ce cas

$$y^3 \left(1 + \frac{e}{a}\right)^3 + (x + e)^3 = m(x + e) y \left(1 + \frac{e}{a}\right),$$

(*) Descartes aurait pu parvenir à cette méthode en exprimant que le rapport $\frac{NI}{IT}$ ou $\frac{y}{x - AT}$ devient maximum ou minimum, au point M, comme cela est évident; mais il n'y a pas songé : s'il l'avait fait, il se serait placé précisément au point de vue auquel Montucla et M. Lefort ont pensé que Fermat s'était placé.

5.

et, observant que $y^2 + x^2 = mxy$,

$$y^2\left(\frac{3e}{a} + 3\frac{e^2}{a^2} + \frac{e^3}{a^3}\right) + 3x^2e + 3xe^2 + e^3 = my\left(\frac{ex}{a} + e + \frac{e^2}{a}\right).$$

Divisant par e, puis faisant $e = 0$, il vient

$$\frac{3y^2}{a} + 3x^2 = \frac{mxy}{a} + my,$$

qui donne pour valeur de la sous-tangente

$$a = y\,\frac{3y^2 - mx}{my - 3x^2}.$$

Descartes demandait surtout à ses adversaires de calculer les coordonnées du point où la tangente était inclinée de 45 degrés sur l'axe des x; et il donna la solution de ce problème après que Roberval eut déclaré ne l'avoir pas trouvée.

Troisième méthode des tangentes de Descartes.

21. Le point de vue sous lequel Descartes envisage ici la tangente, et qu'il a fait connaître quelques jours après l'autre, est celui qui est maintenant généralement adopté : il ne diffère du précédent que par le point autour duquel il fait tourner la sécante pour qu'elle vienne coïncider avec la tangente. Il considère maintenant la tangente comme déterminée par une droite qui tourne autour du point de contact donné, jusqu'à ce qu'un autre point où elle coupe la courbe, soit venu coïncider avec le premier.

Fig. 5.

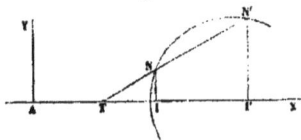

Il commence par calculer la position de cette sécante en se donnant le rapport $\frac{g}{h}$ des ordonnées de ces deux points de rencontre; puis il suppose que ce rapport devienne l'unité, et, par suite, que la différence de leurs abscisses soit zéro; et la position de la sécante devient celle de la tangente.

Soient N (*fig.* 5) le point de contact donné, N' le point de la courbe pour lequel on a

$$\frac{NI}{N'I'} = \frac{g}{h};$$

posons

$$AI = x, \quad NI = y, \quad TI = a, \quad II' = e,$$

on aura

$$\frac{a}{a+e} = \frac{g}{h};$$

d'où

$$N'I' = \frac{hy}{g} = \frac{y(a+e)}{a} = y + \frac{ey}{a}.$$

Il faut maintenant, dit Descartes, exprimer que N'I' *est l'une des ordonnées en la ligne courbe, ce qui se fera en des termes divers, suivant les diverses propriétés de cette courbe.* Ainsi, en représentant par $F(x, y) = o$ l'équation entre les coordonnées x, y d'un point quelconque de la courbe, on devra avoir

$$(9) \qquad F\left(x+e, y+\frac{ey}{a}\right) = o,$$

en même temps que $F(x, y) = o$, puisque le point N est sur la courbe. Dans l'équation (9), x et y sont donnés; a et e sont inconnus, et l'on a déjà l'équation

$$ha = ga + ge.$$

Ces deux quantités sont donc déterminées; la sécante TN sera donc déterminée soit par a, soit par $\frac{y}{a}$, qui est le rapport des accroissements de x et y.

Maintenant, dit Descartes, *pour appliquer tout ceci à l'invention de la tangente, il faut seulement considérer que lorsque TN est la tangente, la ligne* N'I' *n'est qu'une avec* NI, *et toutefois qu'elle doit être cherchée par le même calcul que je viens de mettre, en supposant seulement la proportion d'égalité, au lieu de celle que j'ai nommée de* g *à* h, *à cause que* N'I' *est rendue égale à* NI *en tant qu'elle est tangente (au moins lorsqu'elle l'est) en même façon qu'elle est rendue double ou triple, etc., de* NI *par la même* TN, *en tant qu'elle coupe la courbe en tel ou tel point, lorsqu'elle l'y coupe. Si bien qu'en la seconde équation, au lieu de* ha = ga + ge, *pour ce que* h *est égal à* g, *on a seulement* a = a + e, *c'est-à-dire* e *égal à rien. D'où il est évident que pour trouver la valeur de la quantité* a, *il ne faut que substituer un zéro en la place de tous les termes multipliés par e qui sont en la première équation, c'est-à-dire qu'il ne faut que les effacer. Et ceci est l'élision des homogènes de M. de Fermat, laquelle ne se fait nullement gratis en ce sens-là.*

Voilà donc le fondement de la règle.... Mais il est fort vraisemblable que M. de Fermat ne l'a point ainsi entendue....

On peut affirmer, en effet, que Fermat n'envisageait pas la question de cette manière; il n'y a pas ici de maximum, et le calcul, fondé sur une idée différente, est autrement dirigé.

Cette nouvelle méthode appartient donc bien légitimement à Descartes: on peut la résumer en ces termes :

« Substituer dans l'équation de la courbe $F(x, y) = o$, à x et y, $x + e$,

« $y + \dfrac{ey}{a}$, développer le premier membre de l'équation

$$F\left(x + e, y + \frac{ey}{a}\right) = o,$$

« supprimer les termes indépendants de e, qui ne sont autre chose que
« $F(x, y)$, et se détruisent par conséquent; diviser par e, puis faire $e = o$.
« On obtiendra ainsi l'équation qui détermine la valeur a de la sous-tan-
« gente, ou la limite $\dfrac{y}{a}$ du rapport des accroissements infiniment petits e
« et $\dfrac{ey}{a}$ des coordonnées x, y. »

Descartes n'a pas écrit ses calculs comme nous venons de le faire; on n'avait pas encore imaginé de signes pour la représentation générale des fonctions; mais ses raisonnements sont indépendants de la forme de l'équation. Pour les réaliser il prend une courbe déjà choisie par Fermat, savoir :

$$y^3 = mx;$$

substituant

$$x + e \quad \text{et} \quad y + \frac{ey}{a},$$

il vient

$$y^3\left(1 + \frac{3e}{a} + \frac{3e^2}{a^2} + \frac{e^3}{a^3}\right) = mx + me,$$

et comme $y^3 = mx$, on trouve, en divisant par e, puis faisant $e = o$,

$$\frac{3y^3}{a} = m;$$

d'où

$$a = \frac{3y^3}{m} = 3x.$$

22. L'équation (9) a la même forme que l'équation (8) de la seconde méthode, et la suite du calcul est la même; mais elles diffèrent sensiblement l'une de l'autre, puisque dans cette dernière x et y sont variables, tandis qu'ils sont constants dans l'autre. C'est au reste la seule différence des deux méthodes, qui ont pour objet l'une et l'autre de déterminer la limite de la direction d'une droite qui tourne autour d'un point fixe, et coupe une courbe en deux points qui finissent par se confondre; seulement, dans l'une, le point fixe est sur la courbe, et, dans l'autre, en dehors; et, dans les deux cas, le coefficient d'inclinaison de cette direction limite, est la limite du rapport de l'ordonnée à la sous-sécante, ou des accroissements infiniment petits de y et x.

Pour reconnaître à laquelle des deux on doit donner la préférence, remarquons d'abord que lorsqu'une droite tourne autour d'un point fixe non situé sur la courbe, il peut arriver que deux de ses points d'intersection viennent coïncider, sans que la droite soit tangente; tandis que si le point fixe est sur la courbe, la réunion d'un second point de rencontre avec celui-là donne toujours pour la sécante ce qu'on doit réellement appeler la direction de la branche de courbe en ce point : et c'est même par cette condition qu'on définit les tangentes. Cette définition renferme d'ailleurs toutes celles données antérieurement. De plus, dans le cas où les deux points d'intersection se déplacent, le calcul peut présenter des difficultés qu'on ne rencontre pas quand l'un des deux est fixe.

Dans ce dernier cas, en effet, quand on a développé le premier membre de l'équation (9), x et y ayant des valeurs déterminées, on n'a aucune incertitude sur les coefficients des puissances de e. S'il y en a de nuls, on supprime ces termes, et, toutes les réductions étant faites, on divise par la plus faible puissance de e qui reste, puis on fait $e = 0$; et l'équation ainsi obtenue donne la valeur de a relative à la tangente. Si, par exemple, $F'(x)$ et $F'(y)$ étaient rendues nulles par les valeurs données de x et y, l'équation (9) serait de la forme

$$e^2 \left[A + B \frac{y}{a} + C \frac{y^2}{a^2} \right] + R = 0.$$

R renfermant en facteur une puissance de e supérieure à la seconde. Divisant par e^2, puis faisant $e = 0$, on aurait

$$A + B \frac{y}{a} + C \frac{y^2}{a^2} = 0,$$

qui donnerait deux valeurs pour *a*; ce qui en général déterminerait deux tangentes.

Mais dans le cas où *x* et *y* sont variables, ce qui arrive quand le point fixe n'est pas sur la courbe, les coefficients que nous venons de désigner par F'(*x*) et F'(*y*), A, B, C sont aussi variables, et s'il y en a qui tendent vers zéro en même temps que *e*, on ne sait plus quelle puissance de *e* est facteur du premier membre. Si, par exemple, F'(*x*) et F'(*y*) deviennent nulles pour les valeurs limites de *x* et *y*, les termes $F'(x)e + F'(y)\frac{ey}{a}$, pour *x* et *y* variables, peuvent être du même ordre en *e* que ceux qui suivent, et alors ce serait par e^2 qu'il faudrait diviser, et il resterait, en faisant $e = o$, une équation qui renfermerait tous les coefficients F'(*x*), F'(*y*), A, B, C, et ne serait pas la même que celle que donnerait l'autre méthode. C'est ce qui explique comment au même point l'une peut donner la tangente et l'autre une sécante. Il est donc incontestable que la troisième méthode de Descartes, dont le principe est identique avec celui qui est généralement adopté aujourd'hui, mérite la préférence sur la seconde, et bien certainement sur la première.

Remarque. — Il faut, dans tous les cas, reconnaître que toutes les méthodes de Descartes sont fondées sur la considération que des lignes droites ou courbes qui ont deux points communs qui se rapprochent indéfiniment, deviennent tangentes lorsque ces deux points coïncident; tandis que la méthode de Fermat que nous avons exposée, et la seule qui ait précédé les deux dernières de Descartes, est fondée sur une considération toute différente, qui est celle du maximum ou du minimum, à laquelle il ramène la tangente sans aucune idée d'infiniment petits.

Autre procédé de Fermat pour ramener les tangentes aux maxima et minima par la considération de la normale.

23. Cette méthode ne se trouve pas mentionnée dans le recueil des œuvres mathématiques de Fermat; elle est indiquée dans une réponse de Descartes, environ six mois après le commencement de la discussion, et postérieurement à la communication de toutes ses méthodes des tangentes. Elle consiste à regarder la longueur de la normale comme minimum, en laissant fixe le point où elle coupe l'axe et faisant varier sur la courbe le point où elle la rencontre.

Descartes admet comme exact le principe de cette nouvelle méthode, tout en demandant à Fermat pourquoi il considère plutôt la normale comme minimum que la tangente comme maximum ; c'est un point que nous avons assez discuté, et sur lequel nous ne reviendrons pas. Mais c'était encore sans démonstration que Fermat admettait que la longueur de la normale est minimum ; c'était peut-être parce qu'il remplaçait la courbe par la tangente, et que la normale est évidemment minimum, si son extrémité se déplace sur la tangente et non sur la courbe.

Cette seconde méthode était donc fondée sur une considération peu rigoureuse, comme celle des maxima sur laquelle il fondait sa première méthode des tangentes.

Mais il y a une observation plus grave à faire à cette occasion, relativement aux à peu près qu'on se permet souvent quand on traite des infiniment petits. Sans doute la substitution de la tangente à la courbe ne conduit pas à des erreurs à la fin du calcul, tant qu'il ne s'agit que de la direction ; mais si l'on admet cela sans démonstration, on est bientôt conduit à en faire autant dans des questions qui dépendent de la courbure, et alors on tombe dans les plus graves erreurs. Ainsi, dans la question actuelle, Fermat se serait trompé s'il avait cru, comme le dit Descartes, que la normale est toujours minimum : car cela n'a lieu que si sa longueur est plus petite que celle du rayon de courbure ; elle est maximum si elle est plus grande, et ne serait ni maximum ni minimum si elle lui était égale.

Je sais bien qu'il ne faut pas juger les inventeurs avec la même sévérité que leurs successeurs ; mais il faut toujours reconnaître ce qu'il y a de défectueux dans leurs œuvres, et avec bien plus de scrupule encore que dans celles des hommes médiocres. Un raisonnement insuffisant, qui n'a pas conduit à l'erreur un esprit supérieur, peut devenir très-dangereux entre les mains de ceux qui n'auraient pas le même tact, ou peut-être le même bonheur.

Autre méthode des tangentes de Fermat.

24. Voici comment Fermat commence l'exposition de cette méthode :

Doctrinam tangentium antecedit jamdudum tradita methodus de inventione maximæ et minimæ, cujus beneficio....

Consideramus nempe in plano cujuslibet curvæ rectas duas positione datas (diameter et applicata). Deinde jam inventam tangentem supponentes ad datum in curva punctum, proprietatem specificam curvæ non in curva amplius, sed in invenienda tangente per æqualitatem consideramus : et elisis quæ monet doctrina de maximâ et minimâ....

6

Il est évident par là que Fermat considère sur la tangente même un point différent du point de contact, et le regarde comme satisfaisant à l'équation de la courbe; c'est-à-dire, en employant les formes précédentes, qu'il pose l'équation

$$F\left(x + e,\; y + \frac{ev}{a}\right) = 0,$$

a désignant la sous-tangente et non la sous-sécante, puisque le second point dont l'abscisse est $x + e$ est sur la tangente même et non sur une sécante. Mais on ne voit nullement ici qu'il y ait lieu d'appliquer la doctrine des maxima et minima, puisqu'il exprime seulement que la tangente a un second point commun avec la courbe. Dans sa première méthode, au contraire, on voit bien par l'inégalité qu'il pose, dans l'exemple de la parabole, que le rapport $\frac{v}{x}$ est un maximum au point de contact, pour les points de la tangente. Cette nouvelle méthode est donc entièrement différente de la première. Elle ne diffère de la troisième de Descartes qu'en ce qu'il prend le second point commun sur la tangente, ce qui n'est pas exact: elle ne peut être justifiée que par les raisonnements de Descartes, et n'est par conséquent que la méthode même de ce dernier, moins la rigueur. Et comme la correction indiquée par Descartes était connue de Fermat, il est difficile de s'expliquer comment il n'a pas reconnu cette identité, et comment il a pu croire qu'il ne faisait que reproduire sa première. C'était, au reste, donner le droit à Descartes de dire, comme il le faisait, que c'était lui qui avait fait comprendre à Fermat sa première méthode. Voici quelques passages et quelques expressions tirées d'une longue lettre au père Mersenne, où il expose un grand nombre de ces griefs :

Je leur ai mandé tout au long ce qui devait être ajouté à la règle dont il était question pour la rendre vraie... Depuis ce temps-là, soit que ce que j'avais corrigé en cette règle lui ait donné plus de lumière, soit qu'il ait eu plus de bonheur qu'auparavant; enfin (quod felix faustumque sit), après six mois de délai, il a trouvé le moyen de la tourner d'un nouveau biais par l'aide duquel il exprime en quelque façon cette tangente (à la courbe qu'il avait proposée)... Je ne m'arrêterai point ici à dire que ce nouveau biais qu'il a trouvé était très-facile à rencontrer et qu'il l'a pu tirer de ma Géométrie, où je me sers d'un semblable moyen pour éviter l'embarras qui rend sa première règle inutile en cet exemple, et que par là il n'a point satisfait à ce que je lui avais proposé, qui n'était point de trouver cette tangente, vu qu'il la pouvait avoir de ma Géométrie, mais de la trouver en ne se servant que de sa première règle, puisqu'il l'es-

timait si générale et si excellente ;... c'est un témoignage qu'il n'a rien eu du tout à y répondre, et même qu'il ne sait pas encore bien le fondement de sa règle, puisqu'il n'en a point envoyé la démonstration, nonobstant que vous l'en ayez ci-devant pressé, et qu'il l'eût promise, et que ce fût l'unique moyen de prouver sa certitude, laquelle il a tâché inutilement de persuader par tant d'autres voies. Il est vrai que depuis qu'il a vu ce que j'ai mandé y devoir être corrigé, il ne peut plus ignorer le moyen de s'en servir ; mais s'il n'a point eu de communication de ce que j'ai mandé depuis à M. Hardi, touchant la cause de l'élision de certains termes, qui semble s'y faire gratis, je le supplie très-humblement de m'excuser si je suis encore d'opinion qu'il ne la saurait démontrer. Au reste, je m'étonne extrêmement de ce qu'il veut tâcher de persuader que la façon dont il trouve cette tangente, est la même qu'il avait proposée au commencement, et de ce qu'il apporte pour preuve de cela qu'il s'y sert de la même figure, comme s'il avait affaire à des personnes qui ne sussent pas seulement lire ; car il n'est besoin que de lire l'un et l'autre écrit pour connaître qu'ils sont très-différents.

Je m'étonne aussi de ce que, nonobstant que j'ai clairement démontré tout ce que j'ai dit devoir être corrigé en sa règle, et qu'il n'ait donné aucune raison à l'encontre, il ne laisse pas de dire que j'y ai mal réussi, au lieu de quoi je me persuade qu'il m'en devrait remercier ; et même il ajoute que j'ai failli pour avoir dit qu'il fallait donner deux noms à la ligne qu'il nomme B, etc... Ce qui ne réussit, dit-il, qu'aux questions qui sont aisées, au lieu qu'il devrait dire que c'est donc lui-même qui avait failli, à cause que j'ai suivi en cela son texte mot pour mot, ainsi que j'ai dû faire pour le corriger. Est-ce pas une chose bien admirable qu'il veuille que j'aie trouvé en sa règle, il y a six mois, ce qu'il n'y a changé que depuis trois jours ?

On voit clairement par ces divers passages que Descartes regarde cette méthode comme tout autre que la première de Fermat, ce qui est du reste de toute évidence ; et qu'il suppose que la correction indiquée par lui, et connue de Fermat, et constituant ce que nous avons nommé la seconde méthode de Descartes, a pu lui donner quelque lumière à cet égard ; ce qui est encore très-vrai. Il ajoute qu'il pense encore que M. de Fermat ne saurait la démontrer s'il n'a pas eu communication de sa lettre à M. Hardi. Il est bien probable que cette communication a eu lieu ; mais ce qui précédait était bien suffisant, comme nous l'avons fait voir en développant la seconde méthode de Descartes. Et, dans tous les cas, même quand Fermat n'aurait rien su de ce qu'il est certain qu'il a connu, on ne pourrait enlever à Descartes la priorité d'une méthode qu'il avait fait connaître six mois avant

G.

que Fermat en fit connaître une, identique au fond, mais dont l'exposition est dépourvue de rigueur, et pouvait sembler ne conduire peut-être qu'à une approximation.

Démonstration de Huyghens, de la méthode des tangentes de Fermat.

25. Huyghens commence par les réflexions suivantes :

« Idem Fermatius linearum curvarum tangentes regula sibi peculiari in-
» quirebat, quam Cartesius suspicabatur non satis ipsum intelligere quo
» fundamento niteretur, ut ex epistolis ejus hac de re scriptis apparet. Sane
» in Fermatii operibus post mortem editis, nec bene expositus est regulæ
» usus, nec demonstrationem ullam adjectam habet. Cartesium vero in his
» quas dixi litteris rationem ejus aliquatenus assecutum invenio, nec tamen
» tam perspicue eam explicuisse quam per hæc quæ nunc trademus fiet,
» quæ jam olim multo ante istas litteras vulgatas conscripsimus. » Cela
posé, il considère sur la courbe un point infiniment près du point donné,
dont les coordonnées sont x, y; il représente ses coordonnées par $x + e$ et
$y + \frac{ey}{a}$, a désignant la sous-sécante, et exprime que ces nouvelles valeurs
satisfont à l'équation de la courbe; il remarque que les termes indépendants de e se détruisent, et divise par e ceux qui restent, puis fait $e = o$;
la valeur de a tirée de l'équation ainsi obtenue est celle de la sous-tangente, qui n'est autre chose que ce que devient la sous-sécante quand le
second point d'intersection est venu coïncider avec le premier. Il est difficile d'apercevoir la moindre différence réelle entre cette méthode et celle
de Descartes, que Huyghens reconnait comme satisfaisante jusqu'à un certain point, mais cependant moins claire que celle qu'il donne. Nous ne
sommes pas de cet avis et nous ne répéterons pas ce que nous avons suffisamment établi, que cette méthode, attribuée à Fermat par Huyghens,
appartient à Descartes seul : erreur qui se conçoit facilement au milieu de
la confusion qui résultait de tous les changements, explications ou correc-
tions, proposés dans le cours de cette discussion.

Opinion de Lagrange sur les méthodes de Fermat.

26. On trouve dans les *Leçons sur le calcul des fonctions* les passages
suivants :

On peut regarder Fermat comme le premier inventeur des nouveaux cal-

culs..... Il pose pour le maximum de F (*x*)

$$F (x + e) = F (x).$$

Sa méthode des tangentes dépend des mêmes principes. Il augmente ou diminue l'abscisse d'une indéterminée e, et regarde la nouvelle ordonnée comme appartenant à la fois à la courbe et à la tangente, ce qui fournit une équation qu'il traite comme celle de la méthode des maxima et minima.

$$F \left[x + e, \ y \frac{(t + e)}{t} \right] = 0.$$

Après les réductions on divise par e et on supprime ceux où reste e. D'où \ en x *et* y.

Lagrange dit que les deux méthodes dépendent *des mêmes principes*; mais il ne rapporte que les procédés de calcul et ne dit rien des principes sur lesquels ils se fondent; c'était cependant ce qui offrait le plus d'intérêt. Il ne distingue nullement la première méthode des tangentes de Fermat, de la dernière qui est la seule dont il parle, parce que peut-être il aura cru, d'après le langage de Fermat, qu'elles ne différaient pas l'une de l'autre. Nous regrettons qu'il ne les ait pas comparées avec plus d'attention, et surtout qu'il n'ait pas assez pris connaissance des lettres de Descartes d'où nous avons tiré tous les éléments de notre discussion, qu'il aurait alors rendue tout à fait inutile.

Nous croyons donc pouvoir répéter, même après la lecture des passages cités de notre grand géomètre :

La première méthode des tangentes de Fermat est ramenée rigoureusement à l'expression d'un maximum ou d'un minimum; et sa méthode du maximum est fondée sur ce principe, que les variations d'une quantité, à partir d'une valeur maximum ou minimum, sont insensibles par rapport à celles de la variable dont elle dépend. Ce principe, dû à Képler, n'est donc directement employé par Fermat que pour les maxima, et non pour les tangentes, au moins dans sa première méthode.

Quant à la seconde méthode, la seule dont parle Lagrange, on peut hésiter pour dire à quel principe il la rapportait. Comme le procédé est le même que celui de Descartes, il est naturel de supposer que le principe en est le même, comme nous l'avons dit, moins la rigueur. Mais admettons qu'il en diffère, et qu'on puisse dire avec Lagrange qu'il est le même que celui du maximum, c'est-à-dire que Fermat ait considéré la tangente comme si voisine de la courbe, que pour un accroissement indéterminé e de l'abscisse du point de contact, la différence des ordonnées de la courbe et de la tangente est insensible relativement à e. S'il en était ainsi, Fermat aurait eu le tort de ramener la théorie des tangentes à un principe non démontré, tandis que le procédé même qu'il indique était rigoureusement établi par Descartes.

27. Au reste, ce principe relatif à l'ordre infinitésimal des parties de sécantes interceptées par une courbe et sa tangente, dans le voisinage du point de contact, ne serait pas d'une origine aussi rapprochée de nous qu'on pourrait le croire; il ne serait réellement qu'une extension, arbitrairement faite, d'un théorème rigoureusement démontré pour le cercle par Archimède. Ce grand géomètre a, le premier, considéré les infiniment petits dans les limites de leurs sommes, mais nullement dans les limites de leurs rapports. Cela tient à ce qu'il s'est plus occupé de la mesure des grandeurs que de la généralisation des questions de tangentes : il a laissé à Descartes la gloire de faire le premier pas dans cette voie.

Néanmoins il lui est arrivé une fois d'avoir à comparer deux infiniment petits, et dans un cas où l'un était infiniment petit par rapport à l'autre. Dans son livre des hélices il considère un cercle, une tangente MT (*fig. 6*),

Fig. 6.

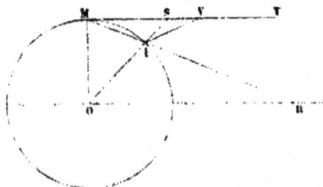

une sécante partant du centre O, et rencontrant le cercle en I et la tangente en S; et il démontre que le rapport de IS à la corde MI et *à fortiori* à l'arc MI, peut devenir moindre que tout rapport donné, en prenant MI suffisamment petit.

Il est bien facile d'étendre cette conclusion à une sécante d'une direction arbitraire IV, pourvu que sa direction ne tende pas vers celle de la tangente; car le rapport de IS à IV restera fini.

Il était naturel de penser que la même proposition s'étendait à toutes les courbes; mais cela ne peut être regardé que comme une induction : ce serait admettre par exemple que l'on peut en général supposer un cercle tangent à la courbe au même point que la droite, et dont les points dans le voisinage du point de contact seraient plus éloignés de la tangente que ceux de la courbe. Mais cela a d'autant plus besoin d'être discuté, que cela n'a pas toujours lieu.

Si ç'a été l'idée de Fermat, il est à regretter qu'il n'ait pas préféré reconnaître la supériorité de celle de Descartes, s'il l'a connue, comme cela est présumable.

Comment Fermat introduit les arcs infiniment petits. Triangle dit de Barrow.

28. En appliquant sa méthode des tangentes à la cycloïde, dont l'équation renferme des arcs de cercle et des lignes droites, Fermat se trouva conduit à des équations renfermant des accroissements infiniment petits d'arcs de cercle et de lignes droites. Il prit alors, au lieu de ces arcs infiniment petits, les portions de tangentes ayant même projection sur l'axe, et il dit que l'on peut faire la même substitution dans le cas de courbes différentes du cercle. C'était là une chose très-importante, quoiqu'elle n'eût pas encore le degré de rigueur nécessaire ; c'était ramener les longueurs des courbes à celles des droites, au moins dans le cas où elles sont infiniment petites.

Ainsi, soient MR (*fig.* 7) la tangente en M à une courbe quelconque, M'

Fig. 7.

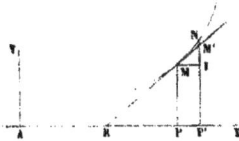

un point de cette tangente infiniment voisin de M, et correspondant à l'accroissement infiniment petit PP' de l'abscisse AP; N le point de la courbe qui se projette en P'. Fermat considère le point M' comme s'il était le point N lui-même, et la droite MM' comme si elle était l'arc MN de la courbe; de sorte que les trois côtés du triangle infinitésimal MM'I sont pris pour les accroissements correspondants de l'abscisse, de l'ordonnée et de l'arc de la courbe; et les deux triangles MNI, MM'I sont regardés comme identiques. C'est ce même triangle que Barrow a employé de la même manière et auquel son nom est resté attaché; mais si l'on voulait continuer à le désigner par le nom de son inventeur, il est évident qu'il ne faudrait plus l'appeler *le triangle de Barrow*, mais *le triangle de Fermat.*

TROISIÈME PARTIE.

COMMENT FERMAT A APPLIQUÉ SA MÉTHODE DES MAXIMA ET MINIMA
A LA RECHERCHE DES CENTRES DE GRAVITÉ.

---

29. Fermat annonce qu'il va déterminer les centres de gravité *perpetuâ et constanti quâ maximam et minimam, et tangentes linearum curvarum investigavimus methodo ; ut novis exemplis et novo usu, eoque illustri, pateat falli eos qui fallere methodum existimant.*

Ce passage pourrait laisser incertain si Fermat veut dire qu'il ramène les tangentes et les centres de gravité aux maxima et minima, ou s'il ramène cette dernière théorie, ainsi que les autres, à une même méthode générale ; mais aucun doute ne peut rester après la lecture de cet autre passage :

Ex prædictâ methodo de maximis et minimis derivantur artificio singulari inventiones centrorum gravitatis, ut alias indicavi.

C'est donc bien à la méthode même des maxima et minima qu'il ramène la détermination des centres de gravité.

Pour expliquer son procédé, il choisit comme exemple le conoïde parabolique, et c'est dans ce calcul que nous le suivrons.

Soient ACV (*fig.* 8) le conoïde proposé, O son centre de gravité, AI = b, AO = a; il admet démontré, par les mêmes raisonnements qu'Archimède a employés dans le cas de la parabole, que le rapport $\frac{AI}{AO}$ resterait constant si l'on faisait varier la hauteur AI du conoïde.

Cela posé, il diminue cette hauteur d'une quantité indéterminée IN = e; le centre de gravité E du nouveau conoïde ARB, sera à une distance de O qui se déterminera facilement d'après la proportion admise. On aura, en effet,

$$\frac{AE}{AN} = \frac{AO}{AI} = \frac{EO}{NI},$$

d'où

$$EO = \frac{ae}{b}.$$

On aura une autre relation par le principe de la composition des forces parallèles. En effet, le poids du conoïde ACV est la résultante des poids de

Fig. 8.

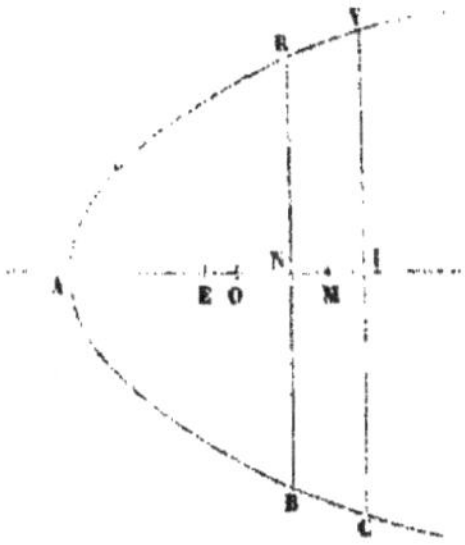

ses deux parties ABR, BRVC; O est le point d'application de la résultante, E celui de la composante ARB : soit M, entre N et I, celui de la composante BRVC; on aura la proportion

$$EO : OM :: BRVC : ARB.$$

Or, on sait qu'en coupant le paraboloïde par des plans perpendiculaires à son axe, les volumes déterminés, à partir du sommet, sont entre eux comme les carrés de leurs hauteurs; on peut donc remplacer AVC, ARB par b^2, $(b-e)^2$, et leur différence BRVC par $b^2 - (b-e)^2$ ou $2be - e^2$: la proportion précédente deviendra donc

$$EO : OM :: 2be - e^2 : (b-e)^2.$$

Remettant pour EO la valeur trouvée précédemment, on obtiendra

(x) $$OM = \frac{ae(b-e)^2}{b(2be-e^2)} = \frac{a(b-e)^2}{b(2b-e)}.$$

Or, dit Fermat, on a toujours OM < OI ou $b - a$; *deducta est igitur quæstio ad methodum, et adæquentur* OM $= b - a$. Mais il a égalé $b - a$ à la valeur de OM non débarrassée du facteur e, au moins inutile, et en chassant

7

les dénominateurs, il a eu

$$(2b^3 - 3ab^2)e + (3ab - b^2)e^2 - ae^3 = 0.$$

Divisant par e, puis faisant $e = 0$, il obtient

$$2b^3 - 3ab^2 = 0;$$

d'où

$$a = \frac{2b}{3},$$

ce qui détermine bien la position du centre de gravité O du conoïde, qui
était déjà connue du temps d'Archimède.

30. Telle est la solution donnée par Fermat, et sur laquelle nous allons
faire quelques observations. La plus grave consiste en ce qu'on n'a OM < OI
que lorsqu'on prend le point N à gauche de I; et si on le prenait à droite
on aurait OM > OI. Donc OM n'est ni maximum ni minimum lorsque e devient nulle, et, par conséquent, c'est à tort que Fermat dit : *deducta est
igitur quæstio ad methodum.* Or, il n'est pas présumable qu'il ne se soit pas
aperçu que si le point N était pris à droite de I, le point M passerait du
même côté, et que par conséquent son inégalité n'avait pas lieu de quelque
côté que fût N. Mais alors il faudrait donc admettre qu'il supposait suffisant pour l'application de sa méthode, que l'inégalité eût lieu d'un seul
côté. On est forcé de choisir entre ces deux erreurs. Dans cette dernière
hypothèse, il aurait fait là précisément la même chose que Descartes, lorsqu'il prétendait que la règle de Fermat aurait dû donner la tangente comme
la plus grande valeur des sécantes menées à la partie convexe de la courbe.
Les reproches de Roberval à Descartes sur ce qu'il ne considérait qu'un
côté de la courbe auraient donc été bien injustes, puisque Fermat croyait
appliquer sa méthode en ne considérant qu'un seul côté du point I. Com-
bien Descartes aurait triomphé s'il avait aperçu cette erreur de son adversaire !

Malheureusement pour lui, il ne l'a pas reconnue, et sur cette solution
il s'est borné à dire :

*Le centre de gravité du conoïde parabolique de M. Fermat, se peut trouver
fort aisément par la même façon dont Archimède a trouvé celui de la parabole,
sans qu'il soit aucunement besoin pour cela de se servir de sa méthode ; et n'était
qu'il faut du temps pour en faire le calcul, et que vous m'avez taillé assez
d'autre besogne en vos dernières, je vous l'enverrais ; mais je le néglige comme*

facile : je vous dirai seulement que je n'ai point encore vu qu'il ait donné
aucun exemple de sa méthode, qu'on ne puisse aisément trouver sans elle ; ce qui
me fait croire qu'il n'en est pas lui-même fort assuré.

Comment il était naturel que Fermat raisonnât.

31. Fermat était parvenu par une considération très-ingénieuse à l'équation (α) entre les distances du point inconnu O aux deux points A et M,
dont le dernier se confondait avec le point connu I, pour $e = 0$. Il suffit
donc de faire $e = 0$ dans l'équation (α) pour avoir une équation entre les
distances de O aux deux points connus A et I, ce qui le déterminait complétement. On trouve ainsi, en remarquant que OI est $b - a$,

$$b - a = \frac{ab^2}{2b^2} = \frac{a}{2};$$

d'où

$$a = \frac{2b}{3}.$$

Mais OM, en devenant $b - a$ pour $e = 0$, n'est ni un maximum ni un minimum, et ce n'était pas le lieu d'y appliquer cette théorie. Aussi ne l'ap-
plique-t-il pas, quoi qu'il en dise, puisqu'il n'égale pas deux valeurs d'une
même fonction, relatives à deux valeurs infiniment voisines, de la variable
dont elle dépend.

Si Fermat avait fait son calcul en prenant la valeur de OM débarrassée
du facteur commun e, et qu'il eût alors posé

$$b - a = \frac{a(b^2 - 2be + e^2)}{2b^2 - be},$$

d'où il aurait tiré, en chassant le dénominateur,

$$2b^2 - 3ab^2 + (3ab - b^2)e - ae^2 = 0,$$

il aurait vu que les termes indépendants de e ne se détruisaient pas d'eux-
mêmes comme dans les questions de maximum, où l'équation est de la
forme $F(x) = F(x + e)$, et il en aurait conclu sans doute que cette théorie
n'était pour rien dans la question actuelle. Il est probable qu'il eût été plus
loin, et qu'il aurait conclu, comme nous l'avons fait, que OM devenait tout
simplement égal à $b - a$ pour $e = 0$, ce qui lui donnait immédiatement la
valeur de a. Il est malheureux que le grand désir d'appliquer sa méthode

7.

des maxima et minima l'ait conduit à commettre l'une des deux erreurs
que j'ai indiquées; et je crains bien que ce ne soit la plus grave qu'il ait
commise, celle qui aurait justifié la première attaque de Descartes, et qui
tenait au fond même de la méthode.

32. Le moyen par lequel Fermat a obtenu l'équation (α) mérite d'être
particulièrement remarqué; c'est celui qu'on emploie souvent pour trouver
les équations différentielles. Ainsi, en désignant AI et AO par x et x_i, la
proportion qu'il pose peut s'écrire ainsi, en négligeant les infiniment petits
d'un ordre supérieur au premier :

$$dx_i : x - x_i :: 2ex : x^i :: 2dx : x :$$

d'où

$$\frac{dx_i}{dx} + \frac{2x_i}{x} - 2 = 0.$$

On trouve en l'intégrant

$$x_i = \frac{2}{3}x + \frac{c}{x^i}.$$

La constante arbitraire C se déterminera en remarquant qu'on doit avoir
$x_i = 0$ pour $x = 0$; donc C est nul, et l'on a

$$x_i = \frac{2}{3}x,$$

ce qui est la solution déjà trouvée.

En adoptant la proposition d'où il part, que $\frac{x_i}{x}$ est constant, on aurait

$$\frac{dx_i}{dx} = \frac{x_i}{x},$$

et l'équation différentielle se réduirait à

$$\frac{3x_i}{x} = 2,$$

d'où

$$x_i = \frac{2x}{3}.$$

Mais dans toutes les recherches de centre de gravité, c'est le théorème
des moments que l'on emploie et non l'intégration des équations différentielles : au reste, dans le cas général, l'équation serait linéaire, et son intégration ramènerait précisément au même résultat que la quadrature à
laquelle conduit le théorème des moments.

Nous croyons donc que malgré ce qu'il y a de défectueux dans sa théorie des centres de gravité, on serait injuste si on n'y reconnaissait pas un véritable titre de gloire pour Fermat. L'idée ingénieuse et féconde qu'elle renferme, et qu'on n'y a pas assez remarquée, consiste à faire varier infiniment peu les quantités entre lesquelles on veut trouver une relation, et à chercher entre ces quantités et leurs accroissements une relation, qui est toujours plus facile à établir, à cause des quantités que la doctrine actuelle des infiniment petits permet de négliger sans craindre d'erreur dans les résultats.

Lorsque Fermat eut ainsi obtenu entre les accroissements, EO et e, de x_1 et x, son équation différentielle

$$EO : OM :: 2be - e^2 : (b - e)^2,$$

il ne pouvait penser à autre chose qu'à éliminer e en remplaçant EO par sa valeur, et c'est ce qu'il a fait. Il ne restait plus qu'à tirer la valeur de OM pour $e = 0$, ce que malheureusement il n'a pas fait, parce qu'il songeait trop à trouver des applications de sa théorie des maxima.

CONCLUSIONS.

La discussion étendue à laquelle nous venons de nous livrer, nous paraît entraîner rigoureusement comme conséquences, les propositions suivantes :

1° La méthode des maxima et minima de Fermat est fondée sur un principe énoncé d'abord par Képler, et admis sans démonstration; ce principe consiste en ce que, lorsqu'une quantité variable acquiert une valeur maximum ou minimum, les changements qu'elle éprouve à partir de cette valeur, et correspondants à de très-petits changements de la variable dont elle dépend, sont insensibles par rapport à ces derniers.

2° La démonstration de cette méthode, donnée par Huyghens après la mort de Fermat, n'est autre chose que la correction indiquée dès l'origine par Descartes pour la rendre exacte et rigoureuse.

3° La première méthode algébrique pour la détermination des tangentes aux courbes dont on a l'équation, a été donnée par Descartes, et se fonde sur cette considération, que si deux courbes se coupent, et que deux de leurs points communs se rapprochent indéfiniment, elles deviennent tangentes lorsque ces deux points viennent à coïncider.

4° La méthode des tangentes de Fermat, publiée postérieurement à celle-ci, est fondée sur la considération très-différente des maxima et minima. Elle est d'une application plus limitée que celle de Descartes, et moins rigoureusement établie, puisque celle des maxima et minima se fonde sur un principe non démontré.

5° Les suppositions faites jusqu'ici, sur la quantité considérée dans cette méthode comme maximum ou minimum, ne sont pas admissibles, parce qu'elles se rapportent au déplacement du point sur la courbe, tandis que Fermat regarde ce déplacement comme effectué sur la tangente. L'explication donnée pour la première fois dans ce Mémoire, est la seule qui puisse s'accorder avec les écrits de Fermat.

6° Cette méthode, dont le principe n'était même pas énoncé nettement par Fermat, a été attaquée de bonne foi par Descartes, et mal défendue par Roberval, qui en rejetait même la considération du maximum. Fermat n'a pas répondu, et son erreur dans la question des centres de gravité aurait donné plus de force aux objections de Descartes, si on s'en était aperçu.

7° Descartes, en cherchant à corriger la règle de Fermat, trouva une nouvelle méthode fondée sur cette considération, que la tangente est la dernière position d'une sécante qui tourne autour du pied de la tangente, jusqu'à ce que deux de ses points d'intersection avec la courbe viennent coïncider. Regardant à tort cette méthode comme un perfectionnement de celle de Fermat, on conçoit qu'il ait toujours persisté à dire que c'était lui qui avait fait comprendre à ce dernier sa propre règle, et qu'il ait soutenu qu'alors elle rentrait réellement dans la sienne, dont le principe était la coïncidence de deux points d'intersection, exprimée par l'égalité de deux racines d'une équation.

8°. Enfin Descartes, quelques jours après avoir fait connaître cette nouvelle méthode, en communiqua au père Mersenne une dernière, différant de la précédente en ce qu'il fait tourner la sécante autour du point de contact donné, jusqu'à ce qu'un autre point d'intersection vienne coïncider avec lui. Ce point de vue est celui qui a été définitivement adopté par les géomètres. Il conduit aux mêmes calculs que le précédent; on peut les résumer de la manière suivante, en représentant par $F(x, y) = o$ l'équation de la courbe:

Poser les deux équations

$$F(x, y) = o, \quad F\left(x + e, \ y + \frac{ey}{a}\right) = o,$$

supprimer dans la seconde, transformée s'il est nécessaire, les termes qui se détruisent en vertu de la première, puis diviser par e, et faire ensuite $e = o$. La valeur de a, tirée de cette dernière équation, sera celle de la sous-tangente.

9° Au milieu de la discussion, Fermat a indiqué une autre manière de ramener la théorie des tangentes à celle des maxima et minima; et c'est en considérant sans démonstration la normale comme la plus courte distance de son pied à la courbe.

10° Enfin Fermat a considéré la tangente comme ayant un second point, infiniment voisin, commun avec la courbe, et par conséquent l'équation de celle-ci comme satisfaite par x, y, et en même temps par $x + e$, $y + \frac{ey}{a}$, a désignant alors la sous-tangente, et non la sous-sécante comme dans la méthode de Descartes. Le reste du calcul est le même, et cette méthode n'est autre chose que celle de Descartes, moins la rigueur. Mais Fermat ne déclarant pas qu'il change de point de vue, on a pu croire que cette nouvelle méthode ne différait pas de la première, et lui attribuer ainsi, comme l'a fait Lagrange, ce qui appartient à Descartes.

11° Fermat est le premier qui ait introduit les arcs infiniment petits dans le calcul, en leur substituant les parties de leurs tangentes ayant même projection. Le triangle infinitésimal, communément appelé triangle de Barrow, devrait donc être appelé triangle de Fermat.

12° Fermat a voulu appliquer sa méthode des maxima et minima à la recherche des centres de gravité; mais ce genre de questions ne s'y prêtait pas, et il y a commis une erreur qui justifierait peut-être une des attaques de Descartes contre sa méthode des maxima et minima. Toutefois, il y a dans ce procédé défectueux une idée très-remarquable, qui consiste à faire varier infiniment peu les quantités entre lesquelles on veut trouver une relation, et à chercher entre ces quantités et leurs variations une relation, qui est toujours plus facile à établir à cause des quantités qu'on a le droit de négliger dans les calculs d'infiniment petits.

PARIS. — IMPRIMERIE DE GAUTHIER-VILLARS, successeur de MALLET-BACHELIER.
Rue de Seine-Saint-Germain, 10, près l'Institut.

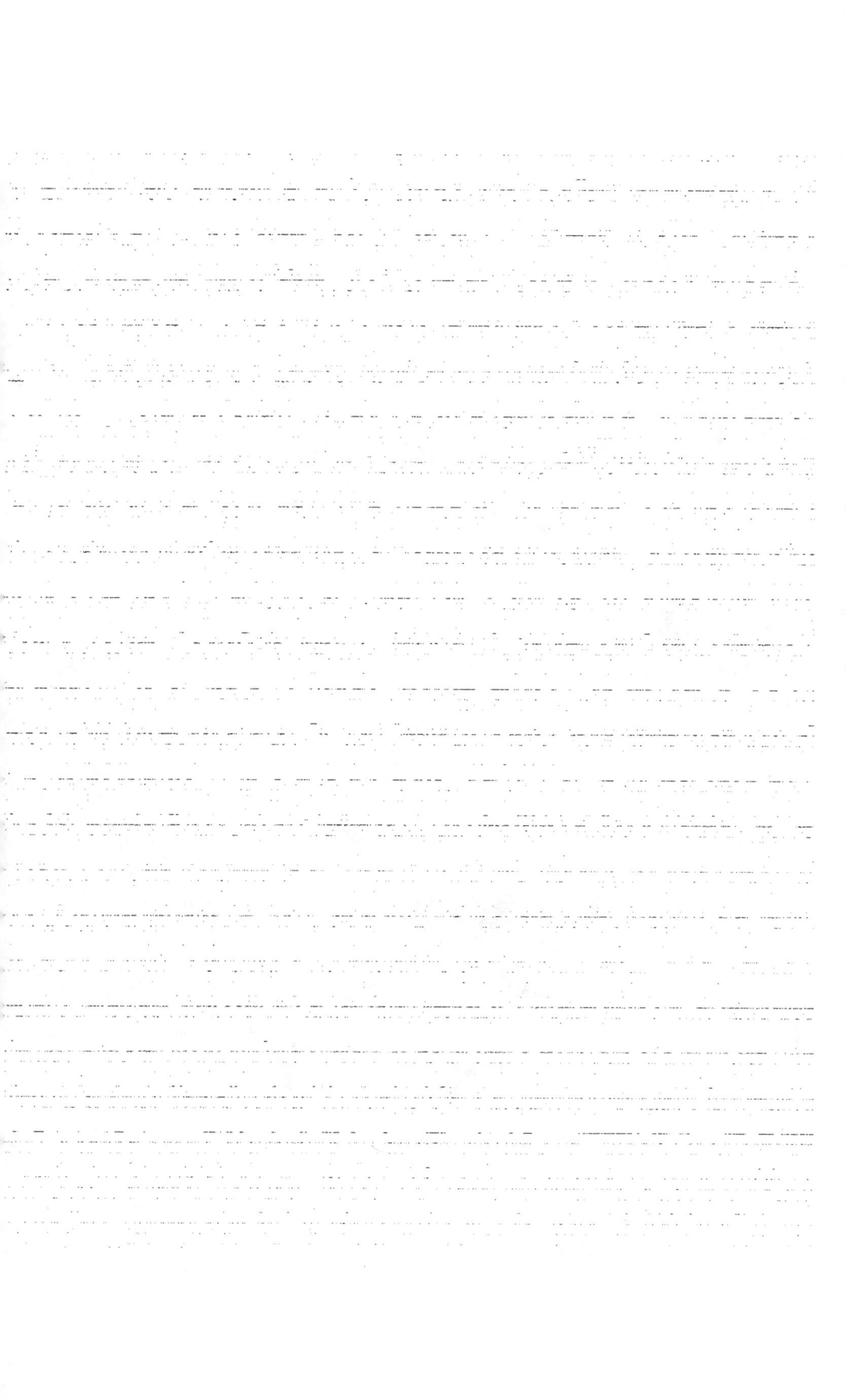

IMPRIMERIE DE GAUTHIER-VILLARS, SUCCESSEUR DE MALLET-BACHELIER,
PARIS, RUE DE SEINE-SAINT-GERMAIN, 10, PRÈS L'INSTITUT.

www.ingramcontent.com/pod-product-compliance
Lightning Source LLC
Chambersburg PA
CBHW050536210326
41520CB00012B/2601